可液化土层中
地下结构–邻近地上结构
系统的地震响应

朱彤（Zhu Tong）著

Seismic Response
of Underground Structure - Nearby Ground Structure Systems
in Liquefiable Ground

清華大学出版社
北京

内 容 简 介

　　地下结构地震响应研究是岩土工程和地下工程抗震领域的重要课题,本书针对可液化土层中地下结构-邻近地上结构系统的抗震问题开展了深入研究,揭示了可液化土层中结构-土体动力相互作用与地下结构-土体-地上结构动力相互作用机理,以及地下结构-邻近地上结构系统的地震响应规律,进行了地下结构的抗震分析、总结了实用设计方法,并将研究成果应用于地下工程的抗震实践。

　　本书可供岩土和地下工程抗震研究领域的专家、学者参考。

图书在版编目(CIP)数据

　　可液化土层中地下结构-邻近地上结构系统的地震响应/朱彤著.—北京:清华大学出版社,2023.9
　　(清华大学优秀博士学位论文丛书)
　　ISBN 978-7-302-63422-5

　　Ⅰ.①可…　Ⅱ.①朱…　Ⅲ.①地下工程－抗震设计　Ⅳ.①TU92

　　中国国家版本馆 CIP 数据核字(2023)第 081037 号

责任编辑:戚　亚
封面设计:博瑞学
责任校对:赵丽敏
责任印制:丛怀宇

出版发行:清华大学出版社
　　　　　网　　址:http://www.tup.com.cn,http://www.wqbook.com
　　　　　地　　址:北京清华大学学研大厦 A 座　　　邮　　编:100084
　　　　　社 总 机:010-83470000　　　　　　　　　邮　　购:010-62786544
　　　　　投稿与读者服务:010-62776969,c-service@tup.tsinghua.edu.cn
　　　　　质量反馈:010-62772015,zhiliang@tup.tsinghua.edu.cn
印 装 者:三河市东方印刷有限公司
经　　销:全国新华书店
开　　本:155mm×235mm　　印　张:9.5　　字　　数:161 千字
版　　次:2023 年 9 月第 1 版　　　　　印　　次:2023 年 9 月第 1 次印刷
定　　价:119.00 元

产品编号:096627-01

一流博士生教育
体现一流大学人才培养的高度(代丛书序)①

　　人才培养是大学的根本任务。只有培养出一流人才的高校,才能够成为世界一流大学。本科教育是培养一流人才最重要的基础,是一流大学的底色,体现了学校的传统和特色。博士生教育是学历教育的最高层次,体现出一所大学人才培养的高度,代表着一个国家的人才培养水平。清华大学正在全面推进综合改革,深化教育教学改革,探索建立完善的博士生选拔培养机制,不断提升博士生培养质量。

学术精神的培养是博士生教育的根本

　　学术精神是大学精神的重要组成部分,是学者与学术群体在学术活动中坚守的价值准则。大学对学术精神的追求,反映了一所大学对学术的重视、对真理的热爱和对功利性目标的摒弃。博士生教育要培养有志于追求学术的人,其根本在于学术精神的培养。

　　无论古今中外,博士这一称号都和学问、学术紧密联系在一起,和知识探索密切相关。我国的博士一词起源于 2000 多年前的战国时期,是一种学官名。博士任职者负责保管文献档案、编撰著述,须知识渊博并负有传授学问的职责。东汉学者应劭在《汉官仪》中写道:"博者,通博古今;士者,辩于然否。"后来,人们逐渐把精通某种职业的专门人才称为博士。博士作为一种学位,最早产生于 12 世纪,最初它是加入教师行会的一种资格证书。19 世纪初,德国柏林大学成立,其哲学院取代了以往神学院在大学中的地位,在大学发展的历史上首次产生了由哲学院授予的哲学博士学位,并赋予了哲学博士深层次的教育内涵,即推崇学术自由、创造新知识。哲学博士的设立标志着现代博士生教育的开端,博士则被定义为独立从事学术研究、具备创造新知识能力的人,是学术精神的传承者和光大者。

---

　　① 本文首发于《光明日报》,2017 年 12 月 5 日。

博士生学习期间是培养学术精神最重要的阶段。博士生需要接受严谨的学术训练，开展深入的学术研究，并通过发表学术论文、参与学术活动及博士论文答辩等环节，证明自身的学术能力。更重要的是，博士生要培养学术志趣，把对学术的热爱融入生命之中，把捍卫真理作为毕生的追求。博士生更要学会如何面对干扰和诱惑，远离功利，保持安静、从容的心态。学术精神，特别是其中所蕴含的科学理性精神、学术奉献精神，不仅对博士生未来的学术事业至关重要，对博士生一生的发展都大有裨益。

独创性和批判性思维是博士生最重要的素质

博士生需要具备很多素质，包括逻辑推理、言语表达、沟通协作等，但是最重要的素质是独创性和批判性思维。

学术重视传承，但更看重突破和创新。博士生作为学术事业的后备力量，要立志于追求独创性。独创意味着独立和创造，没有独立精神，往往很难产生创造性的成果。1929 年 6 月 3 日，在清华大学国学院导师王国维逝世二周年之际，国学院师生为纪念这位杰出的学者，募款修造"海宁王静安先生纪念碑"，同为国学院导师的陈寅恪先生撰写了碑铭，其中写道："先生之著述，或有时而不章；先生之学说，或有时而可商；惟此独立之精神，自由之思想，历千万祀，与天壤而同久，共三光而永光。"这是对于一位学者的极高评价。中国著名的史学家、文学家司马迁所讲的"究天人之际，通古今之变，成一家之言"也是强调要在古今贯通中形成自己独立的见解，并努力达到新的高度。博士生应该以"独立之精神、自由之思想"来要求自己，不断创造新的学术成果。

诺贝尔物理学奖获得者杨振宁先生曾在 20 世纪 80 年代初对到访纽约州立大学石溪分校的 90 多名中国学生、学者提出："独创性是科学工作者最重要的素质。"杨先生主张做研究的人一定要有独创的精神、独到的见解和独立研究的能力。在科技如此发达的今天，学术上的独创性变得越来越难，也愈加珍贵和重要。博士生要树立敢为天下先的志向，在独创性上下功夫，勇于挑战最前沿的科学问题。

批判性思维是一种遵循逻辑规则、不断质疑和反省的思维方式，具有批判性思维的人勇于挑战自己，敢于挑战权威。批判性思维的缺乏往往被认为是中国学生特有的弱项，也是我们在博士生培养方面存在的一个普遍问题。2001 年，美国卡内基基金会开展了一项"卡内基博士生教育创新计划"，针对博士生教育进行调研，并发布了研究报告。该报告指出：在美国和欧洲,培养学生保持批判而质疑的眼光看待自己、同行和导师的观点同样非常不容易,批判性思维的培养必须成为博士生培养项目的组成部分。

对于博士生而言,批判性思维的养成要从如何面对权威开始。为了鼓励学生质疑学术权威、挑战现有学术范式,培养学生的挑战精神和创新能力,清华大学在 2013 年发起"巅峰对话",由学生自主邀请各学科领域具有国际影响力的学术大师与清华学生同台对话。该活动迄今已经举办了 21 期,先后邀请 17 位诺贝尔奖、3 位图灵奖、1 位菲尔兹奖获得者参与对话。诺贝尔化学奖得主巴里·夏普莱斯(Barry Sharpless)在 2013 年 11 月来清华参加"巅峰对话"时,对于清华学生的质疑精神印象深刻。他在接受媒体采访时谈道:"清华的学生无所畏惧,请原谅我的措辞,但他们真的很有胆量。"这是我听到的对清华学生的最高评价,博士生就应该具备这样的勇气和能力。培养批判性思维更难的一层是要有勇气不断否定自己,有一种不断超越自己的精神。爱因斯坦说:"在真理的认识方面,任何以权威自居的人,必将在上帝的嬉笑中垮台。"这句名言应该成为每一位从事学术研究的博士生的箴言。

提高博士生培养质量有赖于构建全方位的博士生教育体系

一流的博士生教育要有一流的教育理念,需要构建全方位的教育体系,把教育理念落实到博士生培养的各个环节中。

在博士生选拔方面,不能简单按考分录取,而是要侧重评价学术志趣和创新潜力。知识结构固然重要,但学术志趣和创新潜力更关键,考分不能完全反映学生的学术潜质。清华大学在经过多年试点探索的基础上,于 2016 年开始全面实行博士生招生"申请-审核"制,从原来的按照考试分数招收博士生,转变为按科研创新能力、专业学术潜质招收,并给予院系、学科、导师更大的自主权。《清华大学"申请-审核"制实施办法》明晰了导师和院系在考核、遴选和推荐上的权力和职责,同时确定了规范的流程及监管要求。

在博士生指导教师资格确认方面,不能论资排辈,更要看重教师的学术活力及研究工作的前沿性。博士生教育质量的提升关键在于教师,要让更多、更优秀的教师参与到博士生教育中来。清华大学从 2009 年开始探索将博士生导师评定权下放到各学位评定分委员会,允许评聘一部分优秀副教授担任博士生导师。近年来,学校在推进教师人事制度改革过程中,明确教研系列助理教授可以独立指导博士生,让富有创造活力的青年教师指导优秀的青年学生,师生相互促进、共同成长。

在促进博士生交流方面,要努力突破学科领域的界限,注重搭建跨学科的平台。跨学科交流是激发博士生学术创造力的重要途径,博士生要努力提升在交叉学科领域开展科研工作的能力。清华大学于 2014 年创办了"微沙龙"平台,同学们可以通过微信平台随时发布学术话题,寻觅学术伙伴。3 年来,博士生参与和发起"微沙龙"12 000 多场,参与博士生达 38 000 多人次。"微沙龙"促进了不同学科学生之间的思想碰撞,激发了同学们的学术志趣。清华于 2002 年创办了博士生论坛,论坛由同学自己组织,师生共同参与。博士生论坛持续举办了 500 期,开展了 18 000 多场学术报告,切实起到了师生互动、教学相长、学科交融、促进交流的作用。学校积极资助博士生到世界一流大学开展交流与合作研究,超过 60% 的博士生有海外访学经历。清华于 2011 年设立了发展中国家博士生项目,鼓励学生到发展中国家亲身体验和调研,在全球化背景下研究发展中国家的各类问题。

在博士学位评定方面,权力要进一步下放,学术判断应该由各领域的学者来负责。院系二级学术单位应该在评定博士论文水平上拥有更多的权力,也应担负更多的责任。清华大学从 2015 年开始把学位论文的评审职责授权给各学位评定分委员会,学位论文质量和学位评审过程主要由各学位分委员会进行把关,校学位委员会负责学位管理整体工作,负责制度建设和争议事项处理。

全面提高人才培养能力是建设世界一流大学的核心。博士生培养质量的提升是大学办学质量提升的重要标志。我们要高度重视、充分发挥博士生教育的战略性、引领性作用,面向世界、勇于进取,树立自信、保持特色,不断推动一流大学的人才培养迈向新的高度。

邱勇

清华大学校长

2017 年 12 月 5 日

丛书序二

以学术型人才培养为主的博士生教育,肩负着培养具有国际竞争力的高层次学术创新人才的重任,是国家发展战略的重要组成部分,是清华大学人才培养的重中之重。

作为首批设立研究生院的高校,清华大学自20世纪80年代初开始,立足国家和社会需要,结合校内实际情况,不断推动博士生教育改革。为了提供适宜博士生成长的学术环境,我校一方面不断地营造浓厚的学术氛围,一方面大力推动培养模式创新探索。我校从多年前就已开始运行一系列博士生培养专项基金和特色项目,激励博士生潜心学术、锐意创新,拓宽博士生的国际视野,倡导跨学科研究与交流,不断提升博士生培养质量。

博士生是最具创造力的学术研究新生力量,思维活跃,求真求实。他们在导师的指导下进入本领域研究前沿,吸取本领域最新的研究成果,拓宽人类的认知边界,不断取得创新性成果。这套优秀博士学位论文丛书,不仅是我校博士生研究工作前沿成果的体现,也是我校博士生学术精神传承和光大的体现。

这套丛书的每一篇论文均来自学校新近每年评选的校级优秀博士学位论文。为了鼓励创新,激励优秀的博士生脱颖而出,同时激励导师悉心指导,我校评选校级优秀博士学位论文已有20多年。评选出的优秀博士学位论文代表了我校各学科最优秀的博士学位论文的水平。为了传播优秀的博士学位论文成果,更好地推动学术交流与学科建设,促进博士生未来发展和成长,清华大学研究生院与清华大学出版社合作出版这些优秀的博士学位论文。

感谢清华大学出版社,悉心地为每位作者提供专业、细致的写作和出版指导,使这些博士论文以专著方式呈现在读者面前,促进了这些最新的优秀研究成果的快速广泛传播。相信本套丛书的出版可以为国内外各相关领域或交叉领域的在读研究生和科研人员提供有益的参考,为相关学科领域的发展和优秀科研成果的转化起到积极的推动作用。

感谢丛书作者的导师们。这些优秀的博士学位论文,从选题、研究到成文,离不开导师的精心指导。我校优秀的师生导学传统,成就了一项项优秀的研究成果,成就了一大批青年学者,也成就了清华的学术研究。感谢导师们为每篇论文精心撰写序言,帮助读者更好地理解论文。

感谢丛书的作者们。他们优秀的学术成果,连同鲜活的思想、创新的精神、严谨的学风,都为致力于学术研究的后来者树立了榜样。他们本着精益求精的精神,对论文进行了细致的修改完善,使之在具备科学性、前沿性的同时,更具系统性和可读性。

这套丛书涵盖清华众多学科,从论文的选题能够感受到作者们积极参与国家重大战略、社会发展问题、新兴产业创新等的研究热情,能够感受到作者们的国际视野和人文情怀。相信这些年轻作者们勇于承担学术创新重任的社会责任感能够感染和带动越来越多的博士生,将论文书写在祖国的大地上。

祝愿丛书的作者们、读者们和所有从事学术研究的同行们在未来的道路上坚持梦想,百折不挠! 在服务国家、奉献社会和造福人类的事业中不断创新,做新时代的引领者。

相信每一位读者在阅读这一本本学术著作的时候,在吸取学术创新成果、享受学术之美的同时,能够将其中所蕴含的科学理性精神和学术奉献精神传播和发扬出去。

清华大学研究生院院长

2018 年 1 月 5 日

导师序言

　　可液化土层中地下结构的地震响应研究是岩土工程抗震领域的重点和难点问题。随着城镇化进程和地下空间开发利用的快速发展，城市建设中越来越多地出现地下结构毗邻地上结构的现象，这种邻近结构系统中存在的复杂地下结构-土体-地上结构动力相互作用，为可液化土层中地下结构的抗震研究和设计带来了新的挑战。

　　本书立足于这一国家需求和学科前沿，阐述了国内外已有的相关研究成果和进展，针对可液化土层中地下结构-邻近地上结构系统的地震响应问题开展了深入研究。本书基于自主建立的精细化物理和数值模拟方法，揭示了可液化土层中地下结构-土体-地上结构动力相互作用的规律机理，完善了可液化土层中地下结构的抗震设计实用分析方法，并将其应用于重大工程实例。本书的研究成果具有理论和实用价值。

　　本书的主要研究工作及创新成果如下。

　　(1) 通过大型动力离心模型试验和数值分析，揭示了可液化土层中结构-土体动力相互作用的时空分布变异性和作用机理，特别是阐明了可液化土层中邻近地上结构对地下结构地震响应的主要影响规律。

　　(2) 通过精细化动力分析与既有实用分析方法的对比论证，提出了可以考虑邻近结构影响的可液化土层中地下结构抗震设计实用分析方法，并将其应用于重大工程实例。

　　(3) 提出了一种装配式地下结构的实用精细化数值分析模型与分析方法，制备了一种可用于离心机振动台动力模型试验的装配式地下结构精细化物理缩尺模型，揭示了可液化土层中装配式地下结构的地震响应基本规律。

张建民

2021 年 5 月

摘　要

　　可液化土层中地下结构的地震响应一直以来都是岩土工程抗震领域的重要研究课题,但针对可液化土层中地下结构-邻近地上结构系统和装配式地下结构的地震响应,尚未形成成熟的科学认知,现行抗震设计规范中尚缺乏合理的实用分析方法。本研究通过离心机振动台模型试验和弹塑性数值分析,揭示了可液化土层中结构-土体动力相互作用规律机理,以及邻近地上结构对地下结构地震响应的影响作用与规律机理,发展了地下结构抗震分析和实用设计方法,并将研究成果应用于地下工程抗震实践。主要取得了以下创新性成果。

　　(1)揭示了可液化土层中结构-土体动力相互作用的时空分布变异性及其物理机理。发现了上述时空分布变异性的成因主要有三个:其一,位于可液化土层中的地下结构在地震过程中会受到土层超静孔压累积产生的侧向压力作用;其二,地下结构和土体刚度差异引起的不协调相对变形;其三,土体地震弱化造成的地下结构局部变形。

　　(2)揭示了可液化土层中邻近地上结构对地下结构地震响应的影响规律及其物理机理。发现了邻近地上结构由于改变了近场土体的地震响应,会显著影响地下结构的地震内力、变形、上浮、转动等响应。阐明了邻近结构间相对位置、地上结构静动力特征、输入地震动等主要因素对地下结构-土体-地上结构动力相互作用的影响规律。

　　(3)改进了可液化土层中地下结构的抗震设计分析方法。精细化分析与既有实用分析的对比论证表明,对于单一圆形截面地下结构,可通过考虑动力相互作用的时间分布变异性,对既有实用方法进行改进;对于单一矩形截面地下结构,合理的抗震分析是采用弹塑性动力时程分析法。通过简化方法考虑了邻近结构的影响,提出了可以考虑邻近地上结构影响的地下结构抗震设计实用分析方法。

　　(4)提出了一种装配式地下结构的二维和三维实用精细化数值模拟方法。制备了用于离心机振动台动力模型试验的可精细模拟接头构造的装配式地下结构物理缩尺模型,通过静动力模型试验初步验证了该数值模拟方法的有效性,并阐明了可液化土层中装配式地下结构的典型地震响应特征规律。

关键词:液化;地下结构;邻近结构系统;地震响应;抗震设计

Abstract

The seismic response of underground structures in liquefiable ground is an important research topic in the field of geotechnical earthquake engineering. However, for the seismic response of underground structure-nearby ground structure systems and precast underground structures in liquefiable ground, existing research has not yet formed a mature scientific understanding, and there is no practical simplified analysis method in current design codes and guidelines. Through centrifuge shaking table tests and elastoplastic numerical dynamic analysis, the mechanism of underground structure-soil dynamic interaction and the effect of nearby ground structures on the seismic response of underground structures in liquefiable ground were revealed. The research methods and practical design methods of the seismic analysis of underground structures were developed. Finally, the research results in this book were applied to the anti-seismic design of the actual underground structure engineering. The main achievements are concluded as follows.

(1) The physical mechanism of temporal and spatial distribution variability of the underground structure-soil dynamic interaction in liquefiable ground was revealed. There are three main reasons for the distribution variability. First, underground structures are subject to the lateral compressive forces caused by the accumulation of excess pore pressure in liquefiable ground. Second, underground structures and soil have incongruous relative deformations caused by their stiffness difference. Third, underground structures have local deformations caused by the seismic weakening of soil.

(2) The physical mechanism of the effect of nearby ground structures on the seismic response of underground structures in liquefiable ground

were revealed. Analysis results showed that nearby ground structures significantly affected the near field's seismic response, thereby affected the underground structures' seismic internal forces, deformation, uplift, and rotation response in liquefiable ground. The influence of main factors including relative structure positions, ground structure characteristics, and ground motion properties on the underground structure-soil-ground structure dynamic interaction in liquefiable ground was illustrated.

(3) The simplified analysis methods in seismic designs for underground structures in liquefiable ground were improved. The contrastive analysis between the refined dynamic analysis and the existing practical simplified analysis showed that for single circular cross-section underground structures, the existing practical simplified methods could become more acceptable by considering the temporal variability of underground stucture-soil dynamic interaction. For single rectangular cross-section underground structures, the elastoplastic dynamic analysis is reasonable and necessary. A practical simplified analysis method which could consider the effect of nearby ground structures was proposed, and it could be a useful supplement to the seismic design of underground structures.

(4) New practical two-dimensional and three-dimensional refined numerical simulation methods for precast underground structures were established. A scaled physical model of the precast underground structure which could simulate the joints in detail was prepared and applied to the centrifuge shaking table tests. The effectiveness of the numerical simulation methods were verified through static and dynamic model tests. The typical seismic response characteristics of precast underground structures in liquefiable ground were illustrated.

Key words: liquefaction; underground structure; nearby structure system; seismic response; seismic design

目　录

Contents

第1章 引　言

1.1　研究背景和意义

目前我国总人口已超过 14 亿,城镇化率超过 60%(中华人民共和国国家统计局,2020a,2020b)。随着人口数量和城镇化率的持续增长,城市人口密度迅速提升,城市发展面临住房紧缺、交通拥堵、环境恶化等一系列严峻挑战。

当前较大城市的地上空间利用已趋于饱和,地下空间的开发利用成为我国 21 世纪城镇化发展的重要方向,是应对上述挑战的关键途径,对优化城市空间结构和缓解土地资源压力具有重要意义。随着我国国民经济建设的快速发展,城市地铁、地下交通枢纽、地下商业街、地下综合管廊等城市地下工程大量兴建,已经成为我国大城市和城市群基础设施建设的重要组成部分。以地铁建设为例,"十三五"规划期间,我国共完成地铁建设投资近 3 万亿,内地已有 38 个城市开通地铁,总里程达 6302km,其中,2020 年全年新增地铁里程 1122km(中国城市轨道交通协会,2020a,2020b)。

在我国,地下工程大多兴建于拥有百万人口的大城市,且大多处于地震活跃地区,地下结构的抗震安全性能成为其设计关键。与地上结构相比,地下结构的使用周期更长,在强震作用下一旦发生破坏,会带来极大的经济损失且修复难度高。因此,对地下结构的抗震设防水准和设计方法理应具有更高的要求。然而,已有地震调查资料中地下结构的震害记录相对较少,地下结构的抗震设计长期以来仍主要基于简单的拟静力概念。我国也明确提出要进一步完善地下空间抗震减灾标准规范(中华人民共和国住房和城乡建设部,2016)。

在历次大地震中,位于可液化土层中的地下结构震害尤为显著,是地下结构抗震设防的控制性工况(Hamada et al.,1996)。1995 年日本阪神地震中土层液化导致大开地铁车站等地下结构的严重破坏引起了学术界的广泛关注(Iida et al.,1996;Samata et al.,1997;Uenishi et al.,2000)。近年的多次大地震均不乏类似的可液化土层中地下结构的震害记录,如 1999 年土耳其科贾埃利大地震(Erdik,2001)、2010 年智利马乌莱大区地震(Elnashai et al.,2010)、2011 年新西兰克赖斯特彻奇地震(Kaiser et al.,2012)、2011 年东日本大地震(Tokimatsu et al.,2012)等。在我国,很多城市的地下结构都难以避免地位于可液化土层中,以地铁工程为例,如上海地铁 2 号线(胡章喜,1997)、天津地铁 5 号线(蒋清国,2015)、南京地铁 1 号线(宫全美等,2000)、广州地铁 2 号线(陈文化 等,2006)等,这些位于强震区可液化土层中的城市地下工程均有可能面临较大的震害风险,考虑地震液化影响的抗震设计至关重要。

结构-土体的动力相互作用是决定地下结构地震响应的关键因素,目前国内外已有的抗震研究对可液化土层中动力相互作用的机理认知尚不成熟,现行地下结构抗震设计规范中常用的简化分析方法和原理均未充分考虑可液化土层中的结构-土体动力相互作用,也未界定各种实用分析方法的适用范围,未从机理上论证各方法的适用性。针对以上问题尚需开展深入研究。

城市大型地下工程所处区域往往人口密度大、基础设施密集、地上和地下建筑之间距离小。随着我国城市地下工程建设的迅速发展,城市地下空间开发利用的进程中不可避免地会造成大量地下结构毗邻其他既有或在建地上建(构)筑物,形成地下结构及相邻地上结构的相互作用系统,这些相邻建(构)筑物的存在,对地下结构的抗震设计与安全评价提出了新的挑战。例如,深圳市前海合作区在 15km² 的地表面积下已规划开发约 800 万 m² 的大型城市地下综合体,而地下空间之上则是拥有规划就业人口 65 万和居住人口 15 万的城市中心区(袁野 等,2017),邻近地上建筑高楼林立,包括 300m 高的世茂前海中心等高层建筑。又如,正在规划建设的北京城市副中心站综合交通枢纽工程,是北京市的重要交通枢纽,其主体工程为大规模地下结构,地下建筑面积达 128 万 m²,在站台区上方也规划有高层商业建筑群,与地下结构位置关系密切(李翔宇 等,2020)。地勘资料显示,该工程场地分布有大量的可液化土层。

地下结构和邻近地上结构与周围土体的动力特性存在差异,三者间存在复杂的地下结构-土体-地上结构动力相互作用,会显著影响地下结构的地震响应和抗震性能。然而,目前针对邻近地上结构影响的抗震研究非常有限,尤其对位于可液化土层中邻近结构系统的地震响应规律、动力学行为、致灾机理等问题的科学认知尚不成熟。我国《地下结构抗震设计标准》

（GB/T 51336—2018）（中华人民共和国住房和城乡建设部，2018）指出，国内外现行地下结构抗震设计规范尚不能合理考虑邻近地上结构对地下结构抗震性能的影响，对邻近结构系统尚无详尽、系统的规定，也没有充分考虑可液化土层中地下结构-邻近地上结构系统整体抗震性能的设计方法。这一关键问题可能造成地下结构的重大抗震安全隐患，是我国城市高质量发展和地下空间开发利用进程中保障工程抗震安全性的一个重要制约因素，亟待得到合理、有效的解决。

　　建筑行业的另一个发展趋势是将逐渐改变粗放型的传统模式，向以装配式建筑为代表的工业化方向转型（中华人民共和国住房和城乡建设部，2017）。随着地下工程建造技术的发展，装配式地下结构大量兴建，无疑对地下结构的抗震研究提出了新的挑战。已有研究多针对简单地下结构开展，且大多对结构或土体有较大程度的简化，不能科学、合理地满足此类复杂结构抗震设计和安全评价的需求，在研究方法和理论认知上也需要完善和提升。

1.2　研究目标和内容

　　本书拟通过开展基础研究、揭示规律机理、提出实用方法、完成实例分析四方面的工作（图1.1），深入研究了可液化土层中地下结构-邻近地上结构系统的地震响应规律及其实用评价。在基础研究方面，总结装配式地下结构和邻近结构系统的精细化物理与数值模拟方法，开展可液化土层中单一地下结构和邻近结构系统的离心机振动台动力模型试验和弹塑性动力时程数值分析。在规律机理方面，揭示可液化土层中结构-土体动力相互作用的时空分布变异性及其物理机理，揭示可液化土层中邻近地上结构对地下结构地震响应的影响规律及其内在机制。在实用方法方面，对既有实用分析方法——可液化土层中单一地下结构的抗震设计进行了改进，也提出了考虑邻近地上结构影响的抗震设计实用分析方法。最后，结合实际地下工程的抗震分析，探讨了本书研究成果的实用性。

　　本书的主要内容如下所示。

　　第2章：评述已有可液化土层中单一地下结构抗震研究、地下结构-邻近地上结构系统抗震研究、地下结构抗震设计简化分析方法的相关研究成果，简要分析国内外研究进展。

　　第3章：提出装配式地下结构的精细化数值模拟方法，开展可液化土

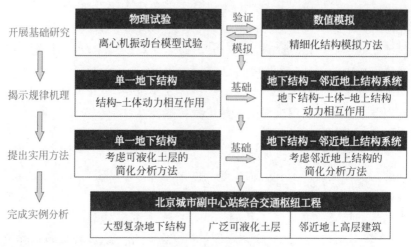

图 1.1　研究内容

层中单一地下结构的二维弹塑性动力时程分析,揭示结构-土体动力相互作用的时空分布变异性及其物理机理,改进可液化土层中地下结构抗震设计既有实用分析方法。

　　第 4 章:开展可液化土层中单一装配式地下结构和邻近结构系统离心机振动台动力模型试验,再现其地震响应,总结装配式地下结构和邻近结构系统的三维精细化数值模拟方法,并通过模型试验初步验证方法的有效性。

　　第 5 章:开展可液化土层中邻近结构系统的三维弹塑性动力时程分析,研究邻近地上结构对地下结构地震响应的影响规律及其物理机理,提出可考虑邻近地上结构影响作用的地下结构抗震设计实用分析方法。

　　第 6 章:结合北京城市副中心站综合交通枢纽工程勘察和设计,对工程主体地下结构开展抗震验算,并在抗震设计分析中探讨邻近地上结构的定量影响,论证本书所提方法的实用性。

　　第 7 章:简要阐述本书的主要结论和创新点。

第2章　可液化土层中地下结构-邻近地上结构系统抗震研究进展

针对地下结构抗震课题,国内外已有学者做了大量研究工作,取得了丰富成果。本章从可液化土层中单一地下结构抗震、地下结构-邻近地上结构系统抗震、地下结构抗震设计简化分析方法三个角度出发,综述国内外已有研究进展,并结合当前地下空间的开发利用趋势和结构抗震要求,做出简要评述。

2.1　可液化土层中单一地下结构抗震研究进展

可液化土层中的单一地下结构抗震研究是地下结构-邻近地上结构系统抗震研究的基础,针对此问题的主要研究有震害调查研究、动力模型试验研究、数值分析研究。国内外学者在总结地下结构震害资料的基础上,通过模型试验和数值模拟再现了地下结构震害现象,深入研究了其地震响应,本节将简要总结已有研究成果。

2.1.1　震害调查研究

城市地下空间开发利用时间较短,震害资料较少,但国内外地下结构的地震破坏案例仍是屡见不鲜,一些典型的地下结构震害实例如表2.1所示。

表 2.1　典型地下结构震害实例

时间	地点	震级	破坏的地下结构
1906 年	美国旧金山	8.3 级	输水隧洞
1923 年	日本关东	7.9 级	铁路隧道
1930 年	日本伊豆	7.0 级	输水隧洞
1933 年	日本东京	8.3 级	公路隧道、铁路隧道

续表

时间	地点	震级	破坏的地下结构
1952 年	美国克恩	7.7 级	铁路隧道
1964 年	日本新潟	7.5 级	公路隧道
1971 年	美国圣费尔南多	6.4 级	铁路隧道、市政管线
1975 年	中国海城	7.3 级	输水隧洞
1976 年	中国唐山	7.8 级	煤矿巷道、人防工程、输水隧洞
1978 年	日本伊豆	7.0 级	铁路隧道
1985 年	墨西哥墨西哥城	8.1 级	地铁车站
1995 年	日本淡路岛	7.2 级	地铁车站、地下商场、地下停车场
1999 年	土耳其科贾埃利	7.4 级	公路隧道、输水隧洞
1999 年	中国台湾集集	7.3 级	公路隧道、铁路隧道
2004 年	日本新潟	6.8 级	铁路隧道
2008 年	中国汶川	8.0 级	公路隧道、铁路隧道
2010 年	智利马乌莱大区	8.8 级	市政管线
2010 年	新西兰坎特伯雷	6.3 级	输水隧洞
2011 年	新西兰坎特伯雷	7.1 级	市政管线、输水隧洞
2011 年	日本东北部太平洋海域	9.0 级	地下停车场、输水隧洞

地震资料表明,在历次大地震中,位于可液化土层中的地下结构震害尤为显著,土层地震液化引发的超静孔压累积、刚度减弱、侧向大变形等响应容易诱发更为强烈的地下结构地震响应,成为其抗震设防的重要控制性工况。

在 1995 年的日本阪神大地震中,城市海岸和人工岛等地发生了大面积土层液化,导致近海地区的地铁车站、地下商场、地下停车场等多处地下工程严重破损,其中大开地铁车站破坏最为严重。据调研,车站多数中柱倒塌、顶板塌陷、侧墙开裂、地下水渗漏,并引发了地铁上方路基大范围沉陷,最大沉陷量超过 2.5m,地表形成数十米长的裂缝,致使路段损毁,交通瘫痪。此次地震液化引发的地下结构严重震害引起了学术界的广泛关注(Iida et al.,1996；Samata et al.,1997；Uenishi et al.,2000)。

此外,近年的多次大地震均不乏类似的可液化土层中地下结构的震害记录。在 1999 年的土耳其科贾埃利地震中,黑海海岸地区发生了大范围土层液化,诱发了数十公里长的输水隧洞发生破坏(Erdik,2001)。在 2010 年的智利马乌莱大区地震中,地震液化导致多处地下市政管线破坏,并诱发了大范围路面塌陷(Elnashai et al.,2010)。在 2011 年的新西兰坎特伯雷地震中,土层液化导致地面大量喷砂、冒水,地下市政管线和输水隧洞等基础设施遭到破坏(Kaiser et al.,2012)。在 2011 年的东日本大地震中,海岸地区发生了大范围土层液化,诱发了多处地表喷砂冒水,地下输水隧洞等设施发生了严重上浮,最大上浮量达 60cm,地下结构破坏导致多处地表塌陷震害(Tokimatsu et al.,2012)。

针对大量可液化土层中地下结构震害案例的调查研究,为相关研究奠定了物理认知基础。地下结构的地震响应特征不同于地上结构,没有明显的自振特性,在地震过程中主要受到周围土体的约束作用,在土体变形下产生协同的地震响应,因此研究地下结构地震响应,离不开对土层动力特性的认知。地震液化容易诱发土层沉降和侧向流动等永久大变形,对所处其中的地下结构产生显著的动力作用,更容易诱发严重的结构震害。此外,可液化土层在地震过程中产生的超静孔压累积,也会造成地下结构上浮和渗漏等多种形式的震害风险。

2.1.2　动力模型试验研究

由于城市地下空间大规模开发利用是近三四十年才迅速发展起来的,大多数地下工程尚未接受过大地震的考验,所以地下结构的震害调查资料还十分有限,目前可用于地下结构抗震研究的主要途径还是模型试验和数值模拟。其中,动力模型试验可以真实再现地下结构的震害现象,是研究地下结构抗震问题的有效手段。近年来,很多学者针对可液化土层中的地下结构开展了动力模型试验研究。

Iwatate等(2000)通过振动台试验研究了日本阪神大地震中大开车站的破坏机理,通过分析土对结构的作用力,阐明了结构破坏的主因是剪切变形下中柱抗剪承载力的不足。此外,通过对照试验,发现将中柱与顶底板的连接方式改变为铰接节点,可以显著降低中柱变形。

一些学者通过动力模型试验,研究了地铁车站结构的地震响应和抗震性能。Chen等(2013,2015,2000)通过振动台试验研究了可液化土层中矩形、拱形、不规则形地铁车站结构的地震响应。发现可液化土层具有明显的高频滤波和低频放大效应,结构侧墙两端所受土压力大于中部,土层液化可能会对地下结构起到一定的隔震作用;对于不同形状结构的响应,发现中柱是地下结构的抗震薄弱位置,中柱端部承受较大拉应变,容易发生开裂或扭转等破坏现象;低层侧墙应变普遍大于高层侧墙,结构地震响应在纵向表现出显著的空间效应。

Zhuang等(2019)通过振动台试验研究了可液化土层中地铁车站和地

铁隧道结构的地震响应。发现在倾斜场地和水平场地中,地下结构周围土层的液化特性有明显不同:在倾斜场地中表现出显著的空间不均匀性,从而造成结构上浮响应的不均匀性;车站和隧道连接处是抗震薄弱位置,通过加强局部刚度可以降低该部位的应变响应,但同时会造成隧道纵向响应增大;此外,倾斜土层会产生更大的侧向位移,加剧地下结构的变形响应。

一些学者通过动力模型试验,研究了隧道结构的地震响应和抗震性能,对于此类小断面地下结构,研究更多侧重于结构的地震上浮响应。Koseki等(1997)通过振动台试验研究了可液化土层中矩形隧道和地下竖井等结构的地震上浮响应。发现地下结构在地震过程中和地震结束后都会发生上浮,其上浮机制有两种:一是地下结构周围土体在侧向变形作用下挤向底部将其抬升;二是地下结构两侧土体的超静孔隙水压累积大于底部,孔隙水发生流动,对结构产生向上的浮力作用。

一些学者则研究了不同地震动、土层、结构等条件对地下结构地震上浮响应的影响。Yasuda等(1995)通过振动台试验研究了可液化土层中圆形隧道结构的地震上浮响应,并探讨了土层密度、结构比重、地下水位线等因素对结构上浮的影响。研究发现,当上覆土层密度增大、结构比重增大、地下水位线降低时,结构上浮量减小;当地震动幅值增大时,结构上浮速率和上浮量均增大。

Sasaki等(2004)通过离心机振动台试验研究了地震动特征、土层密度、地下结构比重与形状、地下水位线等因素对可液化土层中矩形隧道抗浮性能的影响。研究发现,当输入地震动峰值增大、土层密度减小、地下结构宽度减小、水位线上升时,地下结构上浮量增大。此外,地下水位线与地下结构的相对位置关系也会显著影响结构上浮响应。

Chian等(2012)通过离心机振动台试验研究了埋深和直径对地下管道结构上浮的影响。发现这两个因素对结构上浮有显著影响,以此将埋深与直径的比值作为评估指数,当该指数增大时,结构上浮量减小。

此外,一些学者研究了不同场地抗液化及结构抗浮措施的效果。Sasaki等(1982)通过振动台试验研究了碎石排水法的抗液化效果。得出碎石排水法可以有效降低可液化土层中超静孔压的累积,减弱地下结构周围土层的液化程度,从而减小结构上浮量。

Orense等(2003)通过振动台试验研究了墙式碎石排水法对地下结构

的抗浮效果。发现只有当具备足够大的渗透性和宽度时,碎石排水系统才可以充分消散土层的超静孔隙水压力,从而有效抑制结构上浮。

Adalier等(2003)通过离心机振动台试验研究了加拿大马西岛沉管隧道的地震响应,并通过对比无加固、密实化加固、碎石墙排水三种试验工况,研究了不同工程措施的抗液化效果。发现对可液化土层进行密实化加固或施加碎石排水墙,均可以有效减小土层液化趋势,进而减小隧道地震变形,且碎石排水法效果更优。

Ling等(2003)通过离心机振动台试验研究了可液化土层中大断面管道结构的地震响应。发现当隧道埋深较浅时,在顶部施加碎石排水措施可以有效降低结构上浮量,碎石排水的布置方法和材料特性对抗液化效果有显著影响。

刘光磊等(2008)通过离心机振动台试验研究了可液化土层中矩形隧道结构的地震响应。发现地震液化对结构产生的土水压力作用会使结构产生明显的弯曲应变,需要在抗震设计中予以充分考虑;在结构两侧设置截断墙可以有效减小隧道上下表面的压力差,从而减小结构上浮。

2.1.3 数值分析研究

由于物理试验成本较高且测量数据有限,可液化土层中地下结构抗震问题的深入研究更多地需要通过数值模拟完成。而数值模拟的基础是对土体地震液化问题的研究,如液化发生条件、液化稳定性分析、液化大变形发展等,基于物理机理建立可以描述砂土液化动力学行为的本构模型,为开展可液化土层中结构-土体动力相互作用问题的数值分析提供了依据。

砂土地震液化研究是开展可液化土层中地下结构抗震研究的基础。在工程抗震需求的推动下,自 20 世纪 60 年代开始,地震液化就成为岩土工程抗震研究领域的一个热点。早在 20 世纪 80 年代,Hamada等(1986)就通过对 1964 年日本新潟地震、1971 年美国圣费尔南多地震、1983 年日本海中部地震的航拍资料,发现了土层地震液化会导致地表发生大变形的现象,引起了学术界对这一问题的广泛关注。Shamoto等(1997,1998)证实了水平地基等不具备初始驱动剪应力的饱和土层也能够产生液化大变形这一重要事实。在结构-土体运动的相互作用下,位于可液化土层中的地下结构地震破坏也多和地震液化诱发的这种土层永久大变形有关,在地下结构抗震设计中应当予以充分重视(王刚 等,2007a)。

很多学者开展了大量物理试验,以揭示砂土地震液化和液化引起大变形的物理机理。饱和砂土在循环荷载作用下会发生超静孔压累积和有效应力降低,Seed 和 Lee(1966)将不排水或有限排水条件下循环荷载作用使得砂土超静孔压累积和有效应力降低定义为砂土的往返活动性,并将砂土有效应力第一次降为零定义为初始液化。此后,很多学者通过动三轴和动扭剪等物理试验(Arulmoli,1992;Kutter et al.,1994;Zhang et al.,1997;黄博 等,2000)研究了砂土在液化前后的超静孔压消长和有效应力路径等动力学行为,发现了砂土在液化状态下会产生并累积剪切变形的物理现象。张建民和王刚(Zhang,2000;张建民 等,2006;Zhang et al.,2012)基于物理试验现象和规律,通过砂土体应变分解和体积相容性揭示了砂土液化大变形的物理机理。

迄今为止,很多学者提出并发展了砂土本构模型,以描述其地震液化行为,其主要包括基于弹塑性理论的动力本构模型(Pastor et al.,1990;Wang et al.,1990;Wu et al.,1994;Wu et al.,1996;Boulanger et al.,2003;Dafalias et al.,2004),可以较好地描述砂土循环加卸载本构关系和接近液化状态下剪应变的累积规律,但这些模型大多只适用于计算土体液化前产生的小变形,不能合理预测土体液化后的大变形。随着技术的进步,物理试验得以实现对砂土液化后大变形行为更为准确的再现,越来越多的学者开始重视对这一物理现象的数值化描述与模拟(Boulanger et al.,2013;Tasiopoulou et al.,2016;Ye et al.,2018;Barrer et al.,2019;Fuentes et al.,2019;Liu et al.,2019)。张建民和王刚(张建民 等,2007b;Zhang et al.,2012;张建民,2012)基于物理机理,提出了一种能够准确描述饱和砂土从液化前的小变形到液化后的大变形发展过程的弹塑性循环本构模型。王睿(2014)和 Wang等(2014)在此基础上通过引入状态变量和建立三维映射规则实现了对饱和砂土液化前后三维化本构行为的描述。该模型已经被很多单元试验和模型试验所验证,并已在 OpenSees 和 Flac3D 等实用数值计算平台上完成开发,且广泛应用于结构-土体动力相互作用问题的理论研究和工程实践中(刘星 等,2015;王睿 等,2015;Wang,2016;Wang et al.,2016,2017b;杨春宝,2017;Chen et al.,2018;邹佑学 等,2019a,2019b;Liu et al.,2020)。

随着可描述土体液化行为的本构模型的发展,可液化土层中地下结构地震响应的数值分析研究得以广泛开展。王刚(2005)通过数值模拟研究了日本阪神大地震中大开车站的地震响应,发现其地震破坏的机制在于液化土层的非均匀剪切作用。杜修力等（2018）和 Zhong 等（2020）系统总结了针对日本大开车站地震破坏的研究成果，并提出了一种基于动力非线性数值模拟的结构易损性分析方法，以此评价大开车站的破损概率。

一些学者针对可液化土层中地铁车站等较大断面地下结构地震响应开展了数值研究。Liu 等（2005）通过数值模拟研究了地铁车站结构在双向地震动作用下的地震响应。发现在可液化土层和非液化土层中，地下结构的地震内力和变形分布相似；竖直向地震动会增大孔压的高频振荡和结构的竖直向地震响应，作用效果和地震动特性相关，但对结构上浮的影响较小；此外，增大地下结构的埋深可以提高其抗震安全性能。

庄海洋等（2012）和 Zhuang 等（2015）通过数值模拟研究了可液化土层中地铁车站结构的地震响应，发现输入地震动的低频分量会对地下结构震动响应产生显著影响。地下结构的上浮机制有三种：一是结构下方土体的超静孔压累积，二是土层液化会降低结构两侧的摩擦阻力，三是结构两侧土体向底部滑移。这些机制为工程抗震措施提供了依据。

Bao 等（2017）通过数值模拟考虑了地下结构的施工过程、材料的非线性和弹塑性，研究了可液化土层中两层三跨地下结构的地震响应。通过结构周围土层超静孔压的分布演变规律阐明了地下结构的上浮机制，发现竖直向地震动会增大土层液化范围和结构上浮量；此外还讨论了底部注浆处理方法对结构抗浮的效果。

Chen 等（2018）和陈韧韧等（2018）提出了一种可考虑结构截面配筋和弹塑性力学特性、具有较高计算效率的混合单元数值建模方法，通过数值模拟研究了成层可液化土中地下结构的地震破坏机制。发现当地下结构位于可液化土层之上时，主要发生上浮破坏，当可液化土层穿过地下结构时，结构主要发生剪切变形破坏；成层可液化土可能使结构内部惯性力分布发生变化，显著增大结构内力与变形响应。此外，还研究了线长型地下结构纵向穿越可液化土层时的地震响应，发现位于土层交界区域的结构段更容易发生强烈的横断面剪切破坏，震动响应具有显著的三维效应。

一些学者针对可液化土层中隧道等较小断面地下结构地震响应开展了数值研究。Azadi 等（2010）通过数值模拟研究了浅埋隧道在土层液化后大变形作用下的地震响应，发现当地震动峰值增大和主频降低时，结构的内力和变形增大，超静孔压累积及其引起的结构上浮量也增大；当隧道壁厚减小时，结构柔性增大、内力减小，但变形增大，同时由于质量减小，地震上浮量增大。

Unutmaz(2014)通过数值模拟研究了圆形隧道结构对周围土体动力循环特性和液化势的影响作用机理，并讨论了隧道直径和埋深、支护厚度、土体强度等影响因素，发现影响周围土体液化势的最主要因素是隧道埋深。

针对地下结构上浮响应，一些学者通过数值模拟对上浮响应规律、物理机理、抗浮措施等问题开展了深入研究。Saeedzadeh等（2011）通过数值模拟研究了土体剪胀角和密度、地下结构直径和埋深、地下水位线等因素对可液化土层中管道结构地震上浮响应的影响。发现当中密砂剪胀角和相对密度增大时，结构上浮量减小、内力增大；当管道结构直径增大、埋深减小、地下水位线上升时，结构上浮量增大。

Madabhushi等（2015）通过数值模拟研究了可液化土层中矩形隧道结构的地震上浮响应。研究发现输入地震动特性对地下结构上浮响应有显著影响。此外，在中细砂等渗透性较小的土层中，隧道结构更容易发生地震上浮，而在粗砂等渗透性较大的土层中，由于液化土层的迅速再固结，结构上浮量减小，甚至会发生沉降。

孔宪京等（2007）和邹德高等（2010）通过数值模拟研究了可液化土层中地下管线的地震上浮响应，并探讨了土层相对密度、管线尺寸和位置、地下水位线等因素对上浮的影响。此外，还发现 U 形碎石排水措施可以有效降低结构周围土体的超静孔压累积，进而减小结构上浮量，其抗液化效果与排水带宽度、厚度、渗透系数、相对管线的位置等因素有关，为工程抗震设计提供了参数优化的依据。

陈韧韧（2018）通过数值模拟研究了可液化土层中地铁车站结构的上浮机理和抗浮措施。发现导致地下结构上浮的主要因素有三个：侧壁的摩擦阻力减小、上覆土层的有效应力减小、底板下方土层总的应力增加。此外，陈韧韧定量化地研究了不同工程抗浮措施的效果，发现地下连续墙法、换土回填法、碎石排水法的抗浮效果依次递减，且相比单一措施，通过组合方法的协调配合可以更有效地控制结构上浮量。

总体而言，目前开展的大量研究已经对可液化土层中单一地下结构的地震响应规律和机理形成基本的科学认知，所积累的方法经验都为本书提供了宝贵的研究经验。目前认为可液化土层中地下结构的主要地震响应与破坏模式有三类：①震动剪切变形，地下结构在土层约束和变形作用下产生剪切变形，如矩形结构顶底板的相对错动和圆形结构的径向变形等，其引发的内力超过结构承载力时发生破坏；②震动上浮，地下结构整体比重一般小于土体,土层发生地震液化后,超静孔压累积和结构侧方土体向底部移动所产生的土水压力对结构产生向上的合力,致使结构上浮;上浮的影响因素较多,包括地震动峰值、频率、土层相对密度、渗透系数、地下水位线、结构形状、断面尺寸、比重、埋深等,对这些因素影响规律的认知也基本成熟;③震动侧向位移,当土层发生液化永久大变形时,地下结构在土层侧向变形作用下产生明显的残余位移和变形响应,这种破坏模式在倾斜地基、近岸地基等具备初始驱动力的土层条件下尤为显著。

但已有研究仍存在以下不足:①物理试验受制于模型制备技术和试验设备等条件,大多集中于简单地下结构,尚无针对可液化土层中装配式地下结构的模型试验研究成果;②数值计算中多采用平面二维模型,结构和土体计算模型多有简化,且主要分析系统弹性阶段和弱非线性阶段下的地震响应,缺乏针对可液化土层中装配式地下结构的精细化弹塑性数值建模方法和动力分析研究成果;③已有研究对可液化土层中结构-土体动力相互作用的时空分布变异性和物理机理的认知尚不成熟,对可液化土层中不同形式地下结构的地震响应规律和破坏机制尚待完善,已有认知仍不能充分满足实际工程抗震设计的需求。因此,在模型试验和数值模拟技术、地震响应规律和机制等方面仍需进一步开展深入研究。

2.2　地下结构-邻近地上结构系统抗震研究进展

邻近结构系统抗震研究的主要方法和单一地下结构类似,但起步较晚,形成的认知尚不成熟,其基础性课题是结构-土体-结构动力的相互作用,这也是近年来岩土工程抗震研究领域的热点问题。目前,对于邻近地上结构系统的抗震问题已有较丰富的研究成果,而对于地下结构-邻近地上结构系统的抗震问题,研究则相对较少,且多集中于非液化土层工况(Lou et al.,2011;李培振 等,2014;王国波 等,2018)。本节将简要总结地下结构-邻近地上结构系统的抗震研究进展,根据研究方法分为动力模型试验和数值分析两个部分展开论述。

2.2.1　动力模型试验研究

目前针对地下结构-邻近地上结构系统的动力模型试验成果较少。Wang等(2018)通过振动台试验研究了隧道结构和地上框架结构的动力相互作用,发现隧道结构的存在会降低系统整体的刚度,从而放大结构周围土体的地震响应,还会放大地上结构的地震响应。反过来,地上结构一定程度上对近场土和隧道结构的加速度响应有抑制作用;结构间动力的相互作用受输入地震动特性影响显著,地震动峰值越大,相互作用越强。

Dashti等(2016)和Hashash等(2018)通过离心机振动台试验研究了邻近中层和高层地上结构对浅埋地下结构地震响应的影响。发现位于侧上方的邻近地上结构会向地下结构传递较大的侧向荷载,荷载呈非线性分布,与地上结构的基底剪力成比例,并和地下、地上结构的几何形式与刚度相关;侧向荷载使地下结构产生更强烈的地震响应,说明邻近地上结构的影响作用不可忽视,目前常用的基于自由场或单一地下结构的分析方法不再适用于此类结构系统的抗震设计。

到目前为止,地下结构-邻近地上结构系统地震响应的物理模型试验还十分有限,且尚无针对可液化土层工况的试验成果。因此,开展可液化土层中地下结构-邻近地上结构系统的动力模型试验,揭示结构系统地震响应规律,为可液化土层中地下结构-土体-地上结构动力相互作用机理的深入研究奠定物理基础尤为必要。

2.2.2　数值分析研究

对于地下结构-邻近地上结构系统的抗震问题,目前多使用数值分析法开展研究。其中,一些研究关注地下结构对地上结构地震响应的影响作用。Azadi等(2007)发现地下隧道的开挖会加剧邻近地上结构的地震位移和弯矩响应。陈健云等(2012)发现地铁车站会放大地表一定范围内的地震动设计参数和邻近地上结构的地震响应。Guo等(2013)发现地下结构对邻近地上结构的动力影响作用受到结构间相对距离和地上结构自振周期的影响。张海顺等(2013)发现地铁车站结构对复杂地上结构系统的自振特性会产生较大影响,在进行地上结构抗震设计时应当充分考虑结构-土体-结构动力的相互作用。王国波等(2015)发现在诸多圆形隧道结构参数中,隧道直径对地震动传输和地表框架结构地震响应的影响作用最为显著。Abate等(2017)发现隧道结构对地表加速度的响应有抑制作用,且隧道埋深越浅,地表加速度越小,因此在一定程度上对地上结构具有有利影响。

而对于本书关注的问题,即邻近地上结构对地下结构地震响应的影响,相关研究较为缺乏。早在1992年,Navarro(1992)在某大型核电站及其配套地下设施的工程抗震设计中,发现在水平向地震动作用下,地上核电站会改变近场土的应力状态,从而对地下隧道等结构的加速度和内力响应产生显著影响,在抗震设计中应当考虑;而其在竖直向地震动作用下的影响则较弱。

　　邻近地上结构对地下结构地震响应的影响是近些年随着地下工程建设的迅速发展,才逐渐引起国内外学术界广泛重视的。何伟等(2011,2012)通过非线性动力时程分析,发现邻近地表建筑物会对地下结构的位移和内力等地震响应产生 20%~30% 的放大作用;当地上结构位于侧上方时,地下结构的地震响应呈非对称性,靠近地上结构一侧的构件响应更大。此外他们还做了影响因素研究,发现当土层刚度增大、邻近结构间距离增大时,地上结构的影响作用减弱,且影响作用与地震动特性关系密切。

　　Pitilakis等(2014)和 Tsinidis(2018)通过数值模拟研究了不同场地条件、结构形式、相对位置关系下邻近地上结构对单隧道、双隧道结构影响的规律。发现地上结构会扩大近场土的塑性区范围,放大隧道结构的地震变形和内力响应。其对浅埋地下结构影响更显著,而双隧道之间的相互影响作用较弱。

　　Wang等(2013,2017)通过数值模拟研究了地震动震向和波速、邻近结构间距、地下结构埋深和跨数、地上结构布置和基础形式等对邻近结构间相互作用的影响规律。发现地上结构会显著放大地下结构的地震响应,且结构间相对位置关系和地震动震向是决定影响作用强度的关键因素,当结构间距大到一定程度时,邻近地上结构的影响作用可忽略不计。

　　值得说明的是,以上数值研究都是针对非液化土层条件开展的,针对可液化土层的研究则更为缺乏。对于可液化土层,Wang等(2019a,2019b,2019c,2019d)的研究表明,在地震动力作用下,位置关系复杂的邻近结构会使土体产生复杂的应力路径,进而影响地下和地上结构的地震响应,针对可液化土层中地下结构-土体-地上结构动力相互作用开展深入研究尤为必要。

　　Maddauno等(2019)和 Miranda等(2020)通过数值模拟分别研究了可液化土层中圆形、矩形隧道结构与邻近地上框架结构间的相互影响作用。发现邻近结构的相对位置关系会影响近场土的超静孔压分布,进而影响地上结构沉降和隧道结构上浮等地震响应,这是可液化土层相比非液化土层的显著区别。此外还研究了排降地下水等工程措施的抗液化效果,分析了排水管位置、长度等因素对抑制邻近结构系统附近土层超静孔压累积和隧道上浮响应效果的影响。

目前,针对地下结构-邻近地上结构系统抗震问题的已有研究认为,邻近地上结构的存在可能会放大地下结构的地震响应,应当在抗震设计中予以充分考虑,但相关的研究成果还非常有限,尤其是针对可液化土层的情况,尚缺乏对这一问题的基本认知。现有研究的主要不足有:①已有动力模型试验大多只能针对单一地下结构或非液化土层等简单条件开展,目前尚无针对可液化土层中地下结构-邻近地上结构系统的试验成果;②已有数值模拟的研究对象多集中于简单的单一地下结构,计算模型往往有较大程度的简化,需要进一步发展数值模拟方法,实现对可液化土层中地下结构-邻近地上结构这一复杂系统的数值模拟;③目前对可液化土层中邻近结构间动力相互作用规律及其物理机理的认知尚不清晰,不能满足地下工程建设发展趋势下抗震设计的需求。

基于这一现状,首先需要开展可液化土层中典型邻近结构系统的动力模型试验,为该研究奠定物理基础;其次需要发展针对复杂结构系统的精细化数值模拟方法,为研究这一问题创造有效途径;在解决支撑技术问题后,进一步开展系统深入的研究,以揭示可液化土层中地下结构-土体-地上结构动力相互作用机理,在此基础上发展完善地下结构抗震理论。毋庸置疑,相比单一地下结构,地下结构-邻近地上结构系统的规模尺度更大、复杂程度更高,结构周围可液化土层的地震动力响应与地下结构-土体-地上结构动力相互作用的问题也更为复杂,因此在技术手段和理论研究上所面临的挑战也更为严峻。

2.3　地下结构抗震设计简化分析方法

目前国内外现行地下结构抗震设计规范多采用简化的拟静力方法对地下结构地震响应进行分析,本节对主要的几类方法进行简要介绍。

根据 Pitilakis 等(2014)、陈韧韧等(2015)、庄海洋等(2017)、Tsinidis 等(2020)的综述研究,目前国内外地下结构抗震设计规范中主要的简化分析方法可分为以下四类:①反应位移法;②力法;③相互作用系数法;④等效水平加速度法。这 4 类方法的示意图如图 2.1 所示,所应用的抗震设计规范如表 2.2 所示。

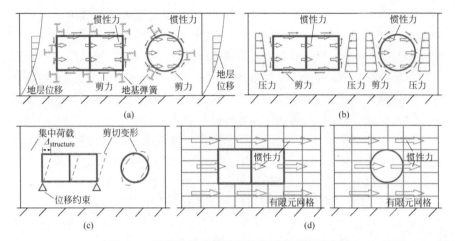

图 2.1　地下结构抗震设计简化分析方法示意图

(a) 反应位移法；(b) 力法；(c) 相互作用系数法；(d) 等效水平加速度法

表 2.2　国内外现行抗震设计规范中的简化分析方法

简 化 方 法	应 用 规 范
反应位移法	(1)(2)(3)(4)(5)(7)(9)(10)
力法	(5)(6)(8)
相互作用系数法	(7)(9)
等效水平加速度法	(1)(3)(4)(5)(7)

注：(1) 中国《建筑抗震设计规范》(GB 50011—2010)(中华人民共和国住房和城乡建设部，2010)；

(2) 中国《地下结构抗震设计标准》(GB/T 51336—2018)(中华人民共和国住房和城乡建设部，2018)；

(3) 中国《地铁设计规范》(GB 50157—2013)(中华人民共和国住房和城乡建设部，2013)；

(4) 中国《城市轨道交通结构抗震设计规范》(GB 50909—2014)(中华人民共和国住房和城乡建设部，2014)；

(5) 国际标准《结构设计基础-岩土工程抗震设计》(ISO 23469，2005)；

(6) 欧洲标准《结构抗震设计规范》(CEN，2004)；

(7) 美国《公路隧道施工与设计技术规范》(FHWA，2009)；

(8) 希腊《结构抗震设计规范》(EAK 2000，2003)；

(9) 法国《地下结构抗震设计与防护规范》(AFPS/AFTES，2001)；

(10) 日本《地下结构抗震设计规范》(KAWASHIMA，1994)。

2.3.1　反应位移法

反应位移法是使用最广泛的简化分析方法之一，其示意图如图 2.1(a)所示。该方法基于地下结构地震响应主要受周围土层变形控制这一认知

(Wang,1993;Hashash 等,2001),将土层变形通过地基弹簧施加于结构外侧,用来反映结构-土体动力相互作用,地基弹簧刚度可根据经验公式(St John et al.,1987)或静力有限元法计算得到。反应位移法的拟静力荷载通过自由场分析得到,包括①土层最大剪切变形时刻的水平向位移分布,施加在地基弹簧固定端;②该时刻的土体剪应力,施加在结构外侧;③该时刻的结构惯性力,施加在结构上。

反应位移法从机理上较合理地考虑了土与结构间的运动相互作用,因此在工程抗震实践中得以广泛应用。此后,有很多学者对反应位移法进行了推广。刘晶波等(2013,2014)提出了一种整体式反应位移法,该方法通过建立结构-土体整体分析模型来反映动力的相互作用,并将自由场变形反力作为拟静力荷载施加在结构-土体界面,相当于将传统反应位移法中求解弹簧系数和施加土层位移的过程进行了结合,此方法可避免计算地基弹簧刚度,且适用于复杂结构断面的抗震分析。

2.3.2 力法

力法是一种将地震作用等效为拟静力荷载,直接施加在地下结构上的方法,分析模型如图 2.1(b)所示。拟静力荷载包括地震土压力、地震剪应力、结构惯性力三种作用。其中,地震剪应力和结构惯性力的计算和施加方法与反应位移法类似,不同之处在于力法中的地震土压力以分布拟静力的形式直接施加在结构上,而非通过地基位移的方式施加。

这种方法不需要计算地基弹簧刚度,且荷载施加方法较为简单,故在结构抗震设计中较为实用。但从原理上不能正确反映结构-土体运动的相互作用,故不符合地下结构地震响应的物理机制。

2.3.3 相互作用系数法

相互作用系数法也称"F-R 方法",分析模型如图 2.1(c)所示。该方法通过自由场分析得到土层变形,近似预测结构变形。该方法建立了两个参数 F 和 R。其中,柔度系数 F 是一个反映结构和土层相对刚度的参数,可通过结构和土层的模量、泊松比等材料参数和结构的几何尺寸确定;将地下结构推覆变形和对应土层剪切变形的比值定义为相互作用系数 R,如式(2.1)所示,其中 $\Delta_{structure}$ 是地下结构推覆变形,Δ_{soil} 是自由场中结构对应位置处土层的剪切变形。根据理论解或有限元分析,建立 F 与 R 的关系(Wang,1993;Penzien et al.,1998),即可通过自由场变形预测结构变形。

在得到结构变形后,对于矩形地下结构,通过施加顶部集中荷载或侧墙倒三角荷载,得到目标变形,进而得到地震内力等响应;对于圆形地下结构,也可通过经验公式直接确定结构内力:

$$R = \frac{\Delta_{\text{structure}}}{\Delta_{\text{soil}}} \tag{2.1}$$

在该方法中,相互作用系数 R 是反映地震作用的关键参数,在一定程度上可以反映土层和结构刚度差异产生的不协调变形,这符合地下结构地震响应的机理;但该系数建立在简化的经验关系之上,无法充分考虑土层动力特性、结构埋深等因素的影响,而且只适用于矩形、圆形等规则的断面地下结构,有较大的局限性。

2.3.4　等效水平加速度法

等效水平加速度法需要建立结构-土体静力有限元整体分析模型,地震荷载简化为等效惯性力,分析模型如图 2.1(d)所示。该方法假设地下结构对近场土体地震响应的影响可以忽视,通过自由场分析,得到土层变形最大时刻的加速度分布,进一步计算等效惯性力,并施加在整体分析模型之上,以此反映结构-土体的动力相互作用。

该方法建立的结构-土体整体分析模型可以适用于成层场地和复杂断面地下结构,但因为将自由场分布惯性力作为拟静力荷载,不能合理反映土和结构间的运动相互作用。

整体而言,目前国内外主要的现行地下结构抗震设计规范大多采用简化的拟静力方法对地下结构开展抗震分析,在一定条件下可以较准确地评估地下结构的抗震性能,在工程实践中得以广泛应用,但仍存在以下两点不足。

(1) 这些简化分析方法从原理上均未充分考虑可液化土层中结构-土体动力相互作用的分布与机理,其在分析可液化土层中地下结构地震响应时的适用性尚缺乏系统论证(Hashash et al.,2015)。国际标准《结构设计基础-岩土工程抗震设计》(ISO 23469,2005)中指出,目前尚无专门针对可液化土层中地下结构抗震设计的简化分析方法。我国《地下结构抗震设计标准》(GB/T 51336—2018)(中华人民共和国住房和城乡建设部,2018)中也规定,当地下结构位于含可液化土层的场地时,应采取可反映土层超静孔压消长、循环大剪切变形、再固结体变等力学响应的弹塑性动力时程法开展抗震分析。但由于弹塑性动力时程分析对计算方法和能力的要求较高,仍不能满足大型地下工程抗震设计的需求。

（2）这些简化分析方法均未能考虑邻近地上结构的影响,国内外现行抗震设计规范尚未对地下结构-邻近地上结构系统的抗震计算和安全评价做出详尽规定,也没有针对这类结构系统的科学实用的抗震设计方法。我国《地下结构抗震设计标准》(GB/T 51336—2018)(中华人民共和国住房和城乡建设部,2018)中也指出,地下结构与既有邻近建(构)筑物的相互作用显著,需要在抗震设计中加以考虑,但也没有给出详细的规定和方法。这使得目前的地下结构抗震设计在存在邻近地上结构的情况下可能会产生潜在安全风险,在地下工程建设发展趋势下的局限性逐渐显露,对已有方法进行论证与改进的迫切性不言而喻,需要在可液化土层中地下结构-土体-地上结构动力相互作用机理的研究基础之上,发展更为科学实用的抗震设计方法。

第 3 章　可液化土层与地下结构动力相互作用研究

可液化土层中单一地下结构的地震响应研究是邻近结构系统地震响应研究的基础,而其关键在于可液化土层与地下结构的动力相互作用。本章建立了非液化土层与可液化土层中典型地下结构的精细化数值分析模型;对比分析了不同截面地下结构的地震响应,并评价了现行地下结构抗震设计规范中的几类常用实用简化分析方法在可液化土层中的适用性;重点揭示了可液化土层与地下结构动力相互作用的时空分布变异性及其物理机理,在此基础上,针对可液化土层的情况,对既有实用分析方法进行改进。

3.1　单一地下结构地震响应分析模型

本节根据分别位于非液化土层和可液化土层中的典型地铁车站和盾构隧道结构,建立了二维精细化有限元动力分析模型。其中,针对可液化土层,采用了可以描述砂土地震液化前后力学行为的弹塑性本构模型,针对盾构隧道装配式接头,建立了可以描述接头力学行为的实用精细化数值模拟方法,并基于 7 条不同特性的地震动开展了动力时程分析。

3.1.1　研究对象

数值分析的研究工况为分别位于非液化土层和可液化土层中的典型地下结构,其剖面如图 3.1(a)和(b)所示。在非液化土层工况中,基岩深度为 50m,场地为均质非液化土层;在可液化土层工况中,基岩深度同样为 50m,场地浅层 25m 深度范围内为可液化土层,覆盖在厚度为 25m 的非液化土层之上。在两种工况中,非液化土被视为简单的线性弹性材料,其弹性模量 E 为 50MPa,泊松比 ν 为 0.4;可液化土为一种典型饱和砂土(Liu 等,2020),其相对密度为 65%,该砂土的典型不排水循环扭剪试验结果如

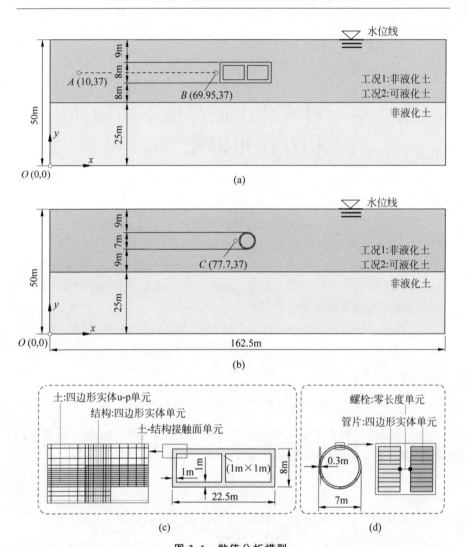

图 3.1　数值分析模型

(a) 地铁车站结构工况；(b) 盾构隧道结构工况；(c) 地铁车站结构模型细部；(d) 盾构隧道结构模型细部

图 3.2(a)和(b)所示。非液化土和可液化土的渗透系数分别为 1.20×10^{-8} m/s 和 6.88×10^{-4} m/s,饱和密度分别为 1961kg/m³ 和 2005kg/m³, 如表 3.1 所示。两种工况的场地均为饱和土层,水位线位于地表。

研究工况的分析对象为两种典型的地下结构(图 3.1)。第一种结构为矩形截面地下结构,为一典型的单层双跨地铁车站,其细部如图 3.1(c)所示。车站埋深为 9m,宽度为 22.5m,高度为 8m,顶底板、侧墙的厚度均为

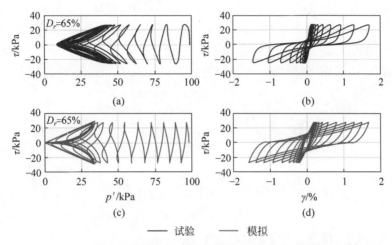

图 3.2　砂土的典型不排水循环扭剪试验结果
(a) 物理试验应力路径；(b) 物理试验应力应变关系；(c) 数值模拟应力路径；(d) 数值模拟应力应变关系

1m，中柱截面尺寸为 1m×1m，中柱沿车站延伸方向的间距为 8m，结构材料为 C50 混凝土，密度为 2400kg/m³。第二种结构为圆形截面地下结构，为

表 3.1　模型参数

本构模型参数				
CycLiqCPSP 模型	可液化土		Clough-Duncan 模型	接触面
弹性模量	G_0	120	G_0	150
	κ	0.010	n	0.52
塑性模量	h	1.0	Φ	30°
可逆性剪胀	$d_{re,1}$	0.5	R_f	0.65
	$d_{re,2}$	20		
	d_{ir}	0.5	线性弹性模型	非液化土
不可逆性剪胀	α	20	E	50MPa
	$\gamma_{d,r}$	0.05	ν	0.4
状态参数	n^p	0.8	线性弹性模型	接头螺栓
	n^d	4.5	E	200GPa
	M	1.65	线性弹性模型	结构
临界状态	λ_c	0.023	E	34.5GPa
	e_0	1.07	ν	0.2
	ξ	0.7		
可液化土		2005	$6.88×10^{-4}$	
非液化土		1961	$1.20×10^{-8}$	
结构		2400		

一典型的盾构隧道,其细部如图 3.1(d)所示。隧道埋深为 9m,外径为 7m,由 6 片相同的盾构管片组成,管片厚度为 0.3m,材料为 C50 混凝土,密度为 2400kg/m³;管片由规格为 M24×500(直径为 24mm,长度为 500mm)的螺栓连接而成,螺栓沿隧道延伸方向的间距为 0.6m,螺栓材料为 Q235钢筋。

3.1.2　二维动力时程分析方法

基于研究对象,建立了流固耦合有限元动力时程分析的平面应变模型,在 OpenSees 有限元程序(McKenna et al.,2001)中开展计算。土体采用流固耦合四边形单元模拟。其中,非液化土采用线弹性模型模拟,材料参数如表 3.1 所示。可液化砂土采用前文所介绍的 Wang 等(2014)提出的液化大变形统一本构模型 CycLiqCPSP 模型模拟,该模型共有 14 个参数,可以通过三轴或扭剪等单元试验所确定,本章中的模型参数根据 Liu 等(2020)的参数研究选定(表 3.1),在该组模型参数下,对该砂土的典型不排水循环扭剪试验的模拟结果如图 3.2(c)和(d)所示,可见数值模拟所得的砂土液化前后的应力路径和应力应变关系均和试验有良好的对应,并可以准确模拟砂土达到液化(零有效应力状态)的循环周次,以及液化后的剪应变,验证了数值方法的有效性。

地铁车站和盾构隧道的结构模型细部分别如图 3.1(c)和(d)所示。车站结构和隧道结构管片采用四边形单元模拟,结构采用线弹性本构模型模拟。土体和结构接触面位置设置一层接触面单元,采用 Clough-Duncan 本构模型(Clough et al.,1971)进行模拟,模型参数根据 Wang 等(2016)和 Chen 等(2018)的参数研究选定,如表 3.1 所示。在车站结构的平面应变模型中,中柱的质量和模量依据其纵向间距进行了等效化处理。

盾构隧道是典型的装配式地下结构,其数值分析方法的重、难点在于对装配接头的模拟。目前能考虑盾构隧道接头性能的计算模型有均质圆环模型、多铰圆环模型、梁-弹簧模型等(张凤翔 等,2004;小泉淳,2009),而这些计算模型均尚存不足,如接头抗弯刚度参数取值复杂、梁单元无法反映管片结构细部响应特征等。对于要求充分考虑场地和结构动力反应特征及其相互作用的动力时程有限元分析方法,尚需在计算条件允许的情况下进行精细化建模,从而更好地揭示盾构隧道结构的地震响应规律。

本节建立了一种针对装配接头的实用精细化数值模拟方法,接头处两侧管片上的对应节点采用零长度单元组连接,其中螺栓位置处的单元采用可反映钢筋力学性质的本构模型模拟,其余位置处的单元采用抗压不抗拉本构模型模拟,以反映接头处抗压衬垫的接触力学作用。何川等(2010)开发了多功能盾构隧道结构组合加载试验系统,对南京长江隧道的管片接头进行了加载试验,本节也相应建立了如图 3.3(a)所示的计算模型,在相同加载条件下进行数值计算,对比试验所得的接头张开量、接头转角和弯矩的关系(图 3.3(b)和(c)),可见数值分析所得的接头力学响应与试验结果吻合良好,说明该模型具备有效性。相比既有装配式接头模拟方法,本模型可以精准模拟接缝张开量、连接螺栓应力应变等接头关键物理量;同时,本模型引入的零长度连接单元组简单实用,有较高的计算效率;采用提出的建模方法的装配式地下结构相比同规模的现浇一体式地下结构,计算效率相当。

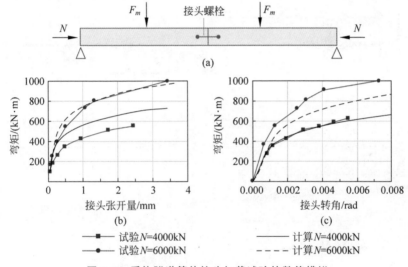

图 3.3　盾构隧道管片接头加载试验的数值模拟

(a) 加载试验示意图;(b) 接头张开量-弯矩关系;(c) 接头转角-弯矩关系

在数值分析模型中,两侧边界距离为 162.5m,边界到矩形结构的距离是其宽度的 3.1 倍,到圆形结构的距离是其外径的 11.1 倍。在矩形截面结构分析工况中,有限元模型共有 5727 个节点和 5028 个单元;在圆形截面结构分析工况中,有限元模型共有 3802 个节点和 3336 个单元。数值模型的计算域均为饱和土层,地表为自由排水边界,左、右两侧的边界为捆绑边界,静力分析步得到初始自重应力场后,在基岩面输入地震动,土体阻尼为瑞利阻尼。

3.1.3　地震动选用

为了保证数值分析结论的可靠性与一般性,本书选择了不同峰值、频谱、波形的 7 条输入地震动,即 G1～G7,7 条地震动均选自实际地震记录,并在 SeismoSingal 程序(Seismosoft,2018)中进行了基线修正和 10Hz 低通滤波,得到的输入地震动加速度时程和反应谱如图 3.4 所示。

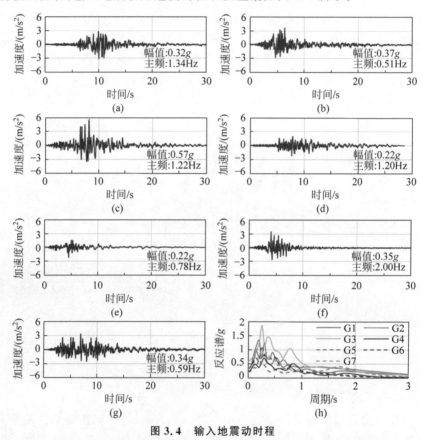

图 3.4　输入地震动时程

(a) G1;(b) G2;(c) G3;(d) G4;(e) G5;(f) G6;(g) G7;(h) 输入地震动反应谱

3.2　数值分析结果

3.1 节所介绍的研究对象共有两种场地形式、两种结构形式、7 条地震动作用,共计 28 个计算工况。对于每一种计算工况,分别开展 3.1 节中介

绍的有限元动力时程分析,以及第 2 章中介绍的 4 类主要的抗震设计简化
拟静力分析(反应位移法、力法、相互作用系数法、等效水平加速度法)。本
节首先对每种工况下的典型动力计算结果进行分析,并以此为基准,评价 4
类简化分析方法在可液化土层中的适用性。在本节的分析中,土层和结构
的动力响应均为相比初始静力状态的相对值。

3.2.1　动力时程分析典型计算结果

　　相比非液化土层,地震过程中超静孔压的累积是可液化土层的典型地
震响应。在 7 条地震动作用下,可液化土层远场最大超静孔压比(超静孔压
与初始竖直向有效应力之比)的分布如图 3.5 所示,可见可液化土层远场均
发生了液化。其中,在 G1、G2、G3、G7 作用下,远场液化深度超过地下结构
埋深(9m);在 G7 作用下,远场液化深度最大,达 17m。

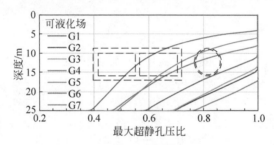

图 3.5　远场最大超静孔压比分布

　　分析典型位置的地震响应,远场土节点 A(图 3.1(a))的深度为 13m,
与地下结构中点的深度近似,距离矩形结构 60m,距离圆形结构 67.75m。
在 7 条地震动作用下,非液化土层和可液化土层工况中,该点的水平加速度
时程如图 3.6 所示。与输入地震动(图 3.4)相比,在峰值较大或低频分量
较多的地震动作用下,场地加速度峰值较大,在 G1、G2、G3、G7 作用下,非
液化土层和可液化土层中的加速度峰值均超过 2m/s^2。其中,在 G3 作用下,
加速度峰值最大,在非液化土层和可液化土层中分别为 5.3m/s^2 和 3.3m/s^2,
而在峰值较小的 G4 和 G5、主频较大的 G6 作用下,加速度峰值较小。相比
非液化土层,可液化土层中的加速度峰值普遍更小,这是超静孔压累积导致
的土层弱化造成的。在 G4、G5、G6 作用下,由于场地超静孔压累积相对较
小(图 3.5),两种土层中的加速度峰值差异不大。

　　在 7 条地震动作用下,非液化土层和可液化土层工况中,远场土节点 A
的水平位移时程如图 3.7 所示。在 G1、G2、G3、G7 作用下,非液化土层和

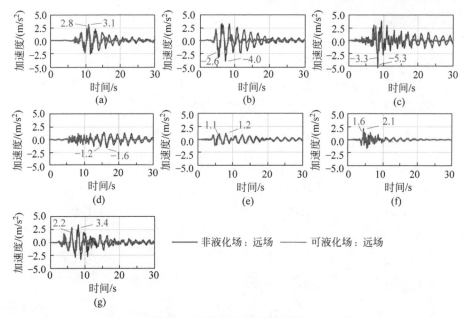

图 3.6 远场水平加速度时程

(a) G1；(b) G2；(c) G3；(d) G4；(e) G5；(f) G6；(g) G7

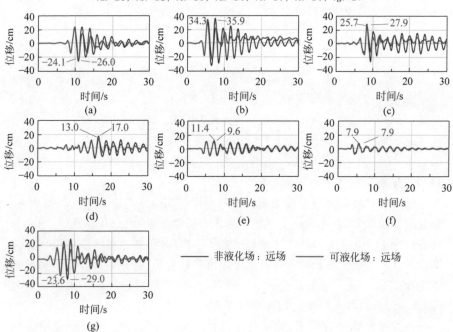

图 3.7 远场水平位移时程

(a) G1；(b) G2；(c) G3；(d) G4；(e) G5；(f) G6；(g) G7

可液化土层中的位移峰值均超过 20cm。其中,在 G2 作用下,位移峰值最大,在非液化土层和可液化土层中分别为 35.9cm 和 34.3cm。土层位移响应不仅和输入地震动加速度的峰值相关,也和其频谱相关。例如,G3 的加速度峰值大于 G2,但由于 G3 的主频更大,在 G3 作用下,土层加速度峰值更小。与加速度响应相同,在 G4、G5、G6 作用下,两种土层中的位移峰值差异不大。

分析远场土节点 A、矩形结构工况中近场土节点 B(距离结构 0.05m,图 3.1(a))、圆形结构工况中近场土节点 C(距离结构 0.05m,图 3.1(b))的孔压响应,在 7 条地震动作用下,可液化土层工况中,此 3 点的超静孔压比 r_u 的时程如图 3.8 所示。可见在 7 条地震动作用下,场地均发生了明显的超静孔压累积,且输入地震动强度越大,场地超静孔压累积越明显。在 G2、G3、G7 作用下,可液化土层远场深度为 13m 处均发生了液化(最大超静孔压比为 1),在 G1、G4、G5、G6 作用下,可液化土层远场深度为 13m 处的最大超静孔压比分别为 0.89、0.74、0.61、0.49。近场超静孔压累积小于同深度处远场,这是由于结构相比土层有更大的刚度,从而限制了近场土变形。在 7 条地震动作用下,矩形结构和圆形结构附近的近场深度为 13m 处均未发生液化。此外,近场土的孔压响应相比同深度处远场土的震荡更剧烈,这

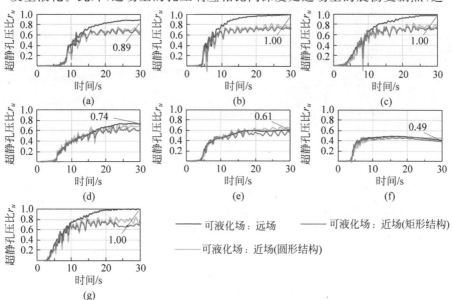

图 3.8　远场和近场超静孔压比时程

(a) G1; (b) G2; (c) G3; (d) G4; (e) G5; (f) G6; (g) G7

是由结构-土体的动力相互作用造成的。矩形结构附近的近场土超静孔压累积略小于圆形结构,说明矩形结构相比圆形结构与土层有更强烈的动力相互作用。

在地震过程中,地下结构在土层剪切变形的推覆作用下会产生剪切变形,顶底板水平向位移差可以作为衡量其剪切变形的指标。在 7 条地震动作用下,非液化土层和可液化土层工况中,矩形结构和圆形结构的顶底板位移差时程如图 3.9 所示。在 G2 作用下,结构变形最大,在非液化土层和可液化土层中,矩形结构的最大顶底板位移差分别为 31.5mm 和 30.9mm,圆形结构的最大顶底板位移差分别为 36.7mm 和 73.0mm。由于圆形结构的刚度更小,即使其高度小于矩形结构,在两种土层中的顶底板位移差峰值也均更大。

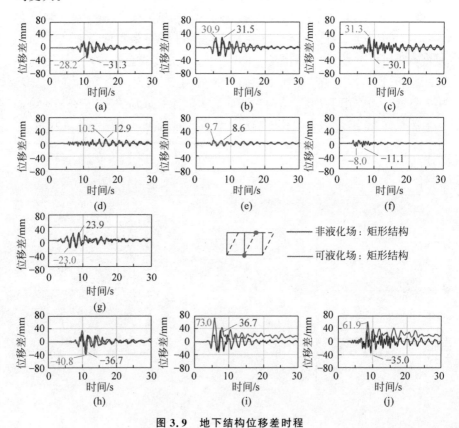

图 3.9　地下结构位移差时程

矩形地下结构位移差时程:(a) G1,(b) G2,(c) G3,(d) G4,(e) G5,(f) G6,(g) G7;
圆形地下结构位移差时程:(h) G1,(i) G2,(j) G3,(k) G4,(l) G5,(m) G6,(n) G7

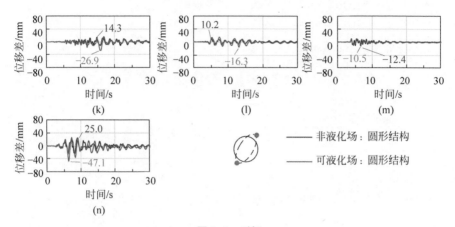

图 3.9　（续）

　　由动力分析可知矩形地下结构侧墙顶端位置和圆形地下结构相对水平线 45°位置受到较大的地震内力，是两种结构的抗震不利位置。在 7 条地震动作用下，非液化土层和可液化土层工况中，这两个位置的弯矩时程如图 3.10 所示。可见结构的变形和内力在数量关系上是一致的，在 G2 作用下，结构内力最大。在非液化土层和可液化土层中，矩形结构侧墙顶端的最大弯矩分别为 $2.73 \times 10^3 \, \mathrm{kN \cdot m/m}$ 和 $2.08 \times 10^3 \, \mathrm{kN \cdot m/m}$，圆形结构 45°位置的最大弯矩分别为 $0.20 \times 10^3 \, \mathrm{kN \cdot m/m}$ 和 $0.29 \times 10^3 \, \mathrm{kN \cdot m/m}$。

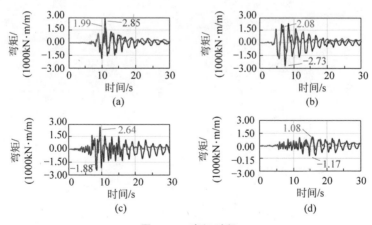

图 3.10　弯矩时程

矩形地下结构左墙顶弯矩时程：(a) G1,(b) G2,(c) G3,(d) G4,(e) G5,(f) G6,(g) G7；
圆形地下结构 45°位置弯矩时程：(h) G1,(i) G2,(j) G3,(k) G4,(l) G5,(m) G6,(n) G7

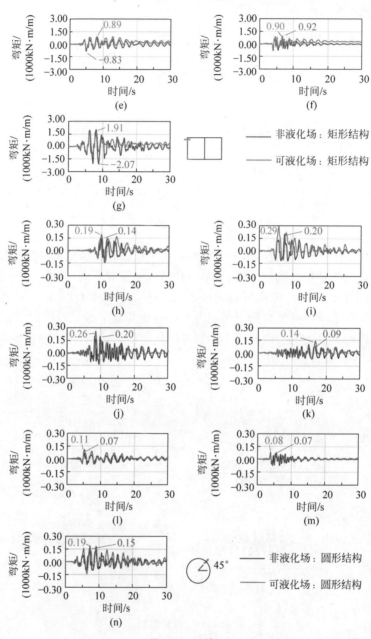

图 3.10　（续）

3.2.2　抗震设计简化分析方法评价

　　如第 2 章所述,地下结构抗震设计的简化分析方法都是基于自由场分析开展的,本节针对两种土层工况,建立了自由场模型,也开展了 7 条输入地震动作用下的动力时程分析。模型的模拟方法和边界条件等都和前述结构-土体整体模型相同。几类简化分析方法所需的自由场响应包括土层最大变形时刻的水平位移、水平加速度、剪应力,其分布如图 3.11 所示。

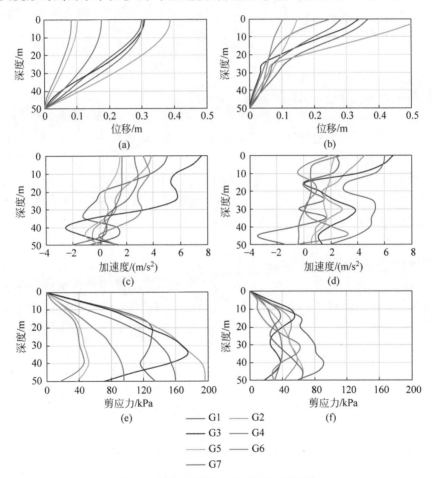

图 3.11　自由场最大变形时刻计算结果

位移分布:(a) 非液化场,(b) 可液化场;加速度分布:(c) 非液化场,(d) 可液化场;
剪应力分布:(e) 非液化场,(f) 可液化场

几类主要的简化分析方法已经广泛应用于大量工程抗震实践中,在不同地震动特征、场地条件、结构形式工况下有不同的准确性。但是基于自由场分析的简化分析方法在分析位于可液化土层中的地下结构地震响应时,不能充分考虑土层强非线性带来的复杂的结构-土体动力相互作用,其适用性尚待系统论述。相比拟静力分析方法,弹塑性动力时程分析方法可以充分考虑结构-土体的动力相互作用,得到更准确的结构地震响应。因此,精细化弹塑性动力时程分析可作为校对简化拟静力分析方法的基准。本节针对每一种动力时程分析的计算工况,对应开展了 4 类简化方法的分析,并通过对比非液化土层和可液化土层中的计算误差,评价其在可液化土层中的适用性。

针对两种场地形式和两种结构形式,在 7 条地震动作用下,动力时程分析和 4 类简化分析方法得到的地下结构最大弯矩和变形(以结构顶底板位移差表征)如图 3.12 所示,以整体对比分析简化方法的适用性。

对于非液化土层,反应位移法的计算结果与动力分析最为接近;力法的计算结果小于动力分析,尤其是圆形结构响应;相互作用系数法的计算结果与动力分析也较为接近;等效水平加速度法的计算结果相对动力分析误差较大。简化分析方法的计算准确性也和结构形式有关。整体而言,矩形结构地震响应的计算准确性相对圆形结构更好。

但是,对于可液化土层,几类简化方法的计算结果相比动力分析都存在较大误差。其中,反应位移法仍然是准确性相对最好的方法,但会明显低估可液化土层中矩形结构的地震响应,对圆形结构的计算准确性也低于非液化土层;相比非液化土层,相互作用系数法和力法也会明显低估可液化土层中结构的地震响应,且力法误差更大;相比非液化土层,等效水平加速度法在可液化土层中的计算误差更大。

在前文所述的 7 条地震动中,在 G2 作用下,地下结构的内力和变形地震响应均最大,因此,进一步对比分析 G2 作用下动力分析和简化分析方法的计算结果。在 G2 作用下,几类方法得到的结构最大受力时刻,矩形结构左墙、中柱、右墙,以及圆形结构的弯矩分布如图 3.13 所示。对于矩形结构,简化方法得到的结构弯矩分布和动力分析相近,在非液化土层和可液化土层中,最大弯矩均发生在结构侧墙和中柱的端部。简化方法相对动力分析的内力计算误差如图 3.14 所示,可见在非液化土层中,反应位移法的计算误差非常小,但在可液化土层中,反应位移法的计算结果明显小于动力分析;而力法和等效水平加速度法在两种土层中均有较大的计算误差。对于

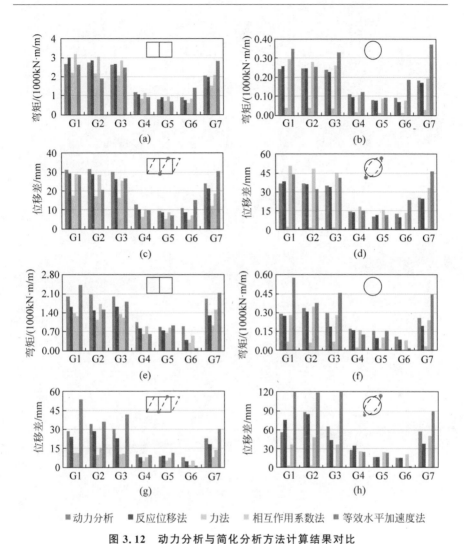

■动力分析　■反应位移法　力法　相互作用系数法　■等效水平加速度法

图 3.12　动力分析与简化分析方法计算结果对比

非液化场：(a) 矩形结构弯矩，(b) 圆形结构弯矩，(c) 矩形结构变形，(d) 圆形结构变形；
可液化场：(e) 矩形结构弯矩，(f) 圆形结构弯矩，(g) 矩形结构变形，(h) 圆形结构变形

圆形结构，如图 3.13(d) 和(h)所示，θ 是圆形结构圆周上分析点与圆心连线相对水平线逆时针转过的角度，可见反应位移法和相互作用系数法在非液化土层中均有良好的计算准确性。在可液化土层中，相比矩形结构，这两种方法的计算准确性也更好。在两种土层中，相比矩形结构，力法计算圆形结构响应的准确性更差。此外，几类简化方法计算得到的非液化土层中圆形结构的弯矩分布与动力分析结果近似，最大弯矩均近似发生在 45°和 225°

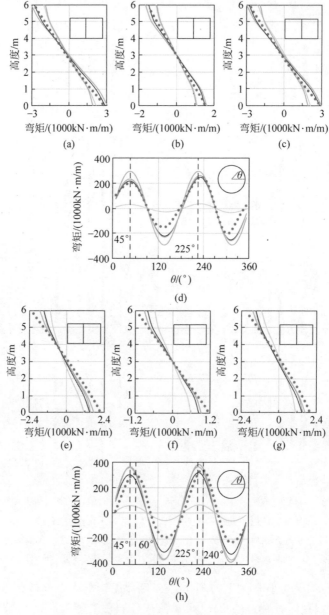

图 3.13　G2 作用下各方法计算所得地下结构弯矩对比

非液化场:(a) 矩形结构左墙,(b) 矩形结构中柱,(c) 矩形结构右墙,(d) 圆形结构;
可液化场:(e) 矩形结构左墙,(f) 矩形结构中柱,(g) 矩形结构右墙,(h) 圆形结构

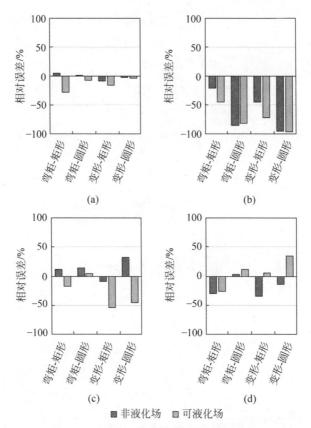

图 3.14　简化方法相对动力分析计算误差
（a）反应位移法；（b）力法；（c）相互作用系数法；（d）等效水平加速度法

的位置；而在可液化土层中,动力分析得到的弯矩分布和非液化土层不同,最大弯矩位置向结构顶底点移动,近似发生在 60°和 240°的位置,而几类简化方法均不能反映该现象,这种差异将在后文结合结构-土体的动力相互作用分布加以分析。

在 G2 作用下,动力分析和简化分析方法得到的结构最大变形时刻,矩形结构左墙、中柱、右墙,以及圆形结构的水平位移分布如图 3.15 所示。其中,用矩形结构相对底板的水平位移来表征其变形,用圆形结构相对高度的中点,即 θ 为 0°位置的水平位移来表征其变形。可见矩形结构和圆形结构在非液化土层和可液化土层中的变形分布相近。简化方法相对动力分析的变形计算误差如图 3.14 所示,对于矩形结构,反应位移法在非液化土层中有良好的计算准确性,但在非液化土层中会明显低估结构变形；对于圆形

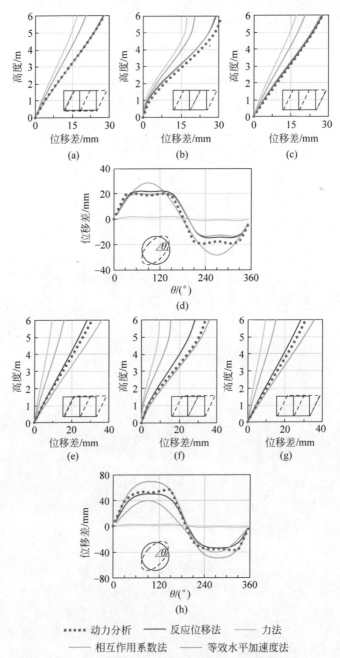

图 3.15　G2 作用下各方法计算所得地下结构变形对比

非液化场：(a) 矩形结构左墙,(b) 矩形结构中柱,(c) 矩形结构右墙,(d) 圆形结构;
可液化场：(e) 矩形结构左墙,(f) 矩形结构中柱,(g) 矩形结构右墙,(h) 圆形结构

结构,相比矩形结构,反应位移法的计算准确性更好。即使相互作用系数法可以较好地评估地下结构的弯矩,其在计算结构变形时的误差也较大,尤其是针对可液化土层工况。和内力分析结果规律相同,力法和等效水平加速度法的计算准确性较差。

以上对比分析的结果表明,在非液化土层中,反应位移法在评估地下结构地震响应时有最好的计算准确性,这是由于其相对合理地考虑了结构-土体的动力相互作用,在 4 类简化方法中,只有反应位移法将土层位移以拟静力荷载的形式施加在了结构上。相互作用系数法也间接考虑了土层的变形作用,且通过结构和土体的相对刚度在一定程度上反映了动力相互作用,因此也具有较好的计算准确性。而力法和等效水平加速度法则是将土体的作用力直接施加在结构上,并没有充分考虑结构-土体的动力相互作用,在某些工况中可以近似评估地下结构的地震响应,但是在很多工况中,相比动力时程分析会有明显的误差。

而在可液化土层中,几类简化拟静力分析方法均失效,相对动力分析结果均有较大的计算误差。其中,即使反应位移法仍具有最好的准确性,也会明显低估地下结构的内力和变形,给地下结构带来严重的抗震风险,需要在抗震设计中慎重使用。

3.3　动力相互作用时空分布规律机理与简化分析方法改进

3.2 节提到了地下结构抗震设计简化分析方法在可液化土层中均失效,会普遍低估地下结构地震响应,其原因在于基于自由场的简化拟静力方法不能充分考虑可液化土层中复杂的结构-土体动力相互作用。本节将通过对相互作用时空分布变异性的研究,分析简化方法失效的机理,并探讨其改进方法。本节仍以 G2 作用为例开展分析。

3.3.1　圆形截面地下结构工况

由 3.2 节可知,可液化土层中圆形结构的受力分布与非液化土层中不同(图 3.13(d)和(h)),说明在两种土层条件下,圆形结构的受力机制不同。在可液化土层中,圆形结构除了受到土层剪切变形造成的推覆作用之外,还会受到超静孔压累积造成的作用力。在可液化土层中,地震过程中的土体

会有超静孔压 u 的累积，引起有效应力 σ' 的变化，虽然其不会改变土体的竖直向总应力 σ_y，但会使水平向总压应力 σ_x ($\sigma_x = u + \sigma'$) 增大，对结构造成附加的侧向压力。这种作用会随着超静孔压的消长而变化，本质上是一种可液化土层与地下结构动力相互作用的时间变异性。而基于自由场的简化分析方法只能考虑土的剪切变形作用，不能考虑可液化土层中这种相互作用时间变异性带来的附加作用，这也是其失效的原因。

为了分析可液化土层对圆形结构这两种作用的效果，将 G2 作用下可液化土层中圆形结构变形的最大时刻、结构周围土体的动剪应力增量 $\Delta\sigma_{xy}$ 和动侧向总压应力增量 $\Delta\sigma_x$ 提取出来，如图 3.16(a) 所示，再以拟静力的形式直接施加在结构上。两种作用下结构的变形示意图如图 3.16(b) 所示，结构的弯矩和轴力分布如图 3.16(c) 所示。由图可知，在土层剪切变形作用下，结构最大弯矩近似发生在 45° 和 225° 的位置，这和非液化土层中的弯矩分布近似（图 3.13(d)），结构最大动轴压力也近似发生在 45° 和 225° 的位置。不同的是，在土层侧向压力的作用下，结构最大弯矩近似发生在顶底点

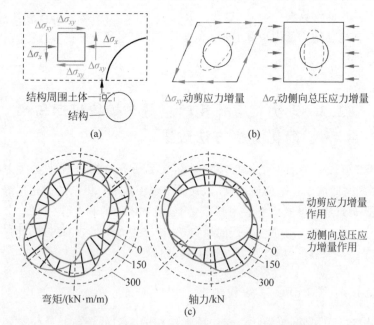

图 3.16　可液化土层与圆形地下结构动力相互作用

(a) 近场土动剪应力增量和动水平向总应力增量；(b) 两种作用下的结构变形示意图；
(c) 两种作用下结构内力分布

的位置,即 90°和 270°处,其大小和剪切变形作用相当,这种可液化土层的附加侧向压力作用会明显改变圆形结构的弯矩分布(图 3.13(h))。在侧向压力的作用下,结构最大动轴压力同样发生在 90°和 270°的位置。

对于盾构隧道,侧向压力作用同样会影响装配接头的地震响应。图 3.17 给出了 G2 作用下,可液化土层中盾构隧道 6 个接头接缝的外侧张开量时程。在地震过程中,位于侧方位的接头 1、接头 3、接头 4、接头 6 的张开量

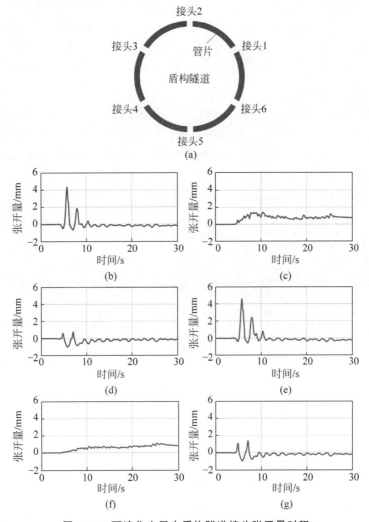

图 3.17　可液化土层中盾构隧道接头张开量时程
(a) 接头分布;(b) 接头 1;(c) 接头 2;(d) 接头 3;(e) 接头 4;(f) 接头 5;(g) 接头 6

呈正负交替分布；而位于正上、正下方位的接头 2 和接头 5 的张开量则始终为正值，这也是土层的侧向压力作用造成的。综上所述，可液化土层中由超静孔压累积引起的侧向压力作用会显著影响地下结构的地震内力和变形等响应，应当在抗震设计中对此充分考虑。此外，从图 3.16(c)可见，侧向压力作用产生的结构弯矩分布并非严格对称，而是向顺时针方向略微偏转，这是由可液化土层与地下结构动力相互作用的空间分布变异性造成的，下面将详细论述。

基于对简化方法失效机理的认知，以反应位移法为例，尝试对其做出改进。将自由场分析中土层剪切变形最大时刻的圆形结构对应位置处土层的水平向总压应力增量以分布拟静力荷载的形式施加在结构上，对结构受力进行补充。在 G2 作用下，动力分析和改进前后的反应位移法计算所得的圆形结构弯矩分布如图 3.18 所示。可见当考虑了可液化土层的附加侧向压力作用后，对于结构弯矩的峰值和分布，改进反应位移法的计算结果都和动力分析更为接近。这说明基于物理机理的改进方法在简化施加了由可液化土层中超静孔压累积造成的侧向压力作用后，在可液化土层的工况中有更好的计算准确性。

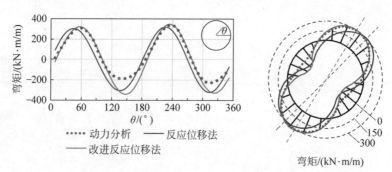

图 3.18　动力分析和改进前后反应位移法计算所得圆形结构弯矩分布

3.3.2　矩形截面地下结构工况

进一步地，将考虑了可液化土层对地下结构侧向压力作用的改进简化方法应用于矩形地下结构工况。在 G2 作用下，动力分析和改进前后的反应位移法计算所得的矩形结构弯矩分布如图 3.19 所示。可见对反应位移法的改进效果并不理想。对于矩形结构，可液化土层附加的侧向压力作用主要增大了两侧墙中部内侧受拉的弯矩，但是对中柱和侧墙端部弯矩的影

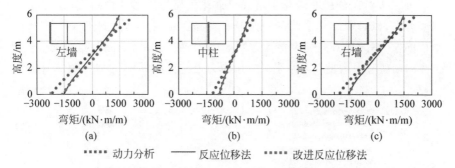

图 3.19　动力分析和改进前后反应位移法计算所得矩形结构的弯矩分布

(a) 结构左墙；(b) 结构中柱；(c) 结构右墙

响作用较小,其作用主要被结构顶底板的轴压力所承担。针对圆形结构的改进方法不适用于矩形结构,说明简化分析方法在计算可液化土层中矩形结构的地震响应时,一定还忽视了其他关键因素。

对比分析非液化土层和可液化土层中矩形结构的弯矩分布差异,在两种土层中,G2 作用下,结构向左、右两个方向发生最大剪切变形时,左、右两侧墙的弯矩分布如图 3.20 所示。在非液化土层中,同时刻两侧墙的弯矩相近;但在可液化土层中,同时刻两侧墙的弯矩则有较大差异。当结构剪切变形向左时,左墙弯矩更大;反之,右墙弯矩更大。这说明在可液化土层中,矩形结构的地震响应具有空间分布变异性,与非液化土层工况有明显差异。此外,如图 3.20(b) 所示,在可液化土层中,最大向右变形发生在 5.65s,最大向左变形发生在 6.84s,对比两时刻的弯矩分布可见,当土层液化程度更深时,结构受力的空间分布变异性更强。

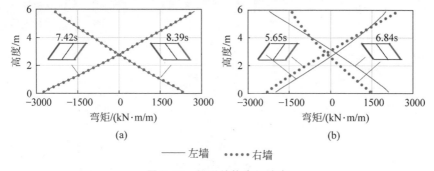

图 3.20　矩形结构弯矩分布

(a) 非液化场；(b) 可液化场

进一步对比分析非液化土层和可液化土层与矩形结构动力相互作用的空间分布,以解释结构受力的空间分布变异性。在两种土层中,G2作用下,结构向左、右两个方向发生最大弯矩时(也是最大剪切变形时),两侧墙所受土体的动剪应力增量和动水平向总压应力增量分布如图 3.21 所示。对于剪

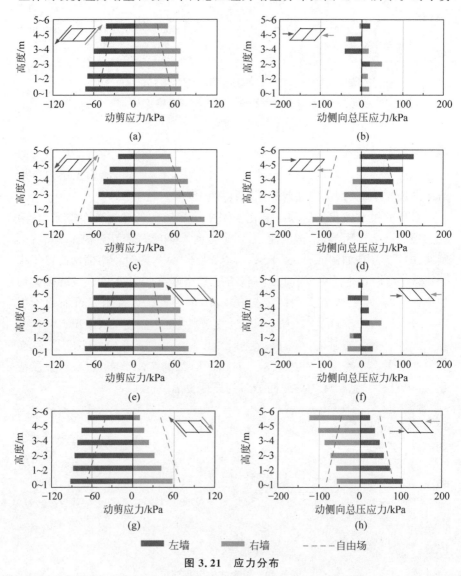

图 3.21   应力分布

结构最大向右变形时,非液化场:(a)剪应力分布,(b)压应力分布;可液化场:(d)压应力分布;结构最大向左变形时刻,非液化场:(e)剪应力分布,(f)压应力分布;可液化场:(g)剪应力分布,(h)压应力分布

应力,在非液化土层中,两墙所受剪应力分布几乎是对称的(图 3.21(a)和(e))。而在可液化土层中则不同:当结构剪切变形向右时,右墙所受剪应力大于左墙(图 3.21(c));反之,左墙所受剪应力大于右墙(图 3.21(g))。这说明在可液化土层中,矩形结构所受土层的剪应力分布有明显的空间分布变异性,剪应力更大一侧的侧墙会产生更大的弯矩,如图 3.20(b)所示,这是自由场分析所不能反映的。

对于压应力,在非液化土层中,两侧墙所受水平向总压应力很小(图 3.21(b)和(f)),而在可液化土层中则较为显著(图 3.21(d)和(h)),这是由于前文所述的超静孔压累积造成的。此外,在可液化土层中,矩形结构所受土层的压应力分布也有明显的空间分布变异性,和自由场分析结果明显不同。当结构剪切变形向右时,左墙上部压应力大于下部,右墙下部压应力大于上部(图 3.21(d));反之,左墙下部压应力大于上部,右墙上部压应力大于下部(图 3.21(h))。这种压应力空间分布变异性的推覆作用会使结构产生和剪应力作用下方向相同的附加变形,这也是自由场分析所不能反映的。

在可液化土层中,超静孔压累积使土体弱化,减弱了土层对结构的约束作用,从而导致了可液化土层与矩形地下结构动力相互作用的空间分布变异性。而无法考虑这种空间分布变异性是既有的抗震设计简化分析方法失效的主要原因,而且和时间分布变异性不同的是,这种空间分布变异性难以通过自由场分析近似预测,所以对于矩形地下结构的简化方法,难以像对圆形地下结构那样进行改进,在进行抗震设计时,应当开展弹塑性动力时程分析。

3.3.3　动力相互作用时空分布变异性的物理机理

已知可液化土层与矩形地下结构动力相互作用的空间分布变异性是地下结构抗震分析中不可忽略的重要因素,而对于圆形地下结构,这一因素并不显著,可以对简化方法进行改进。因此,研究地下结构形状对动力相互作用空间分布变异性的影响尤为重要。为此,以图 3.1(a)和(c)给出的土层剖面和矩形结构高度为条件,采用弹塑性动力时程分析,对比研究可液化土层中不同高宽比的矩形结构在地震动 G2 作用下的地震响应。图 3.22 给出了宽度分别为 32m、16m、8m 的三种矩形结构两侧墙所受动剪应力增量和动水平向总压应力增量的分布,可见当矩形结构高宽比增大时,结构-土体的动力相互作用的空间分布变异性减弱,结构两侧墙所受剪应力和压应力都趋于对称分布,尤其在宽度为 8m 时,两侧墙所受的动剪应力差异很小。

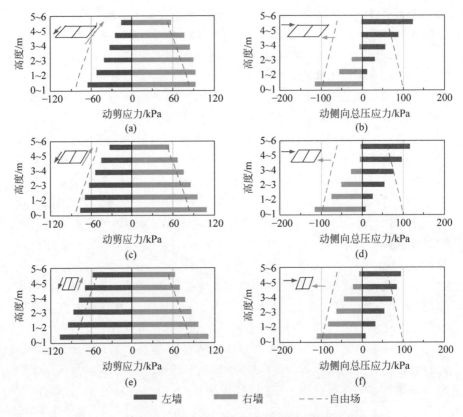

图 3.22   可液化土层与不同形状矩形地下结构的动力相互作用

32m 宽结构:(a) 剪应力分布;(b) 压应力分布;
16m 宽结构:(c) 剪应力分布;(d) 压应力分布;
8m 宽结构:(e) 剪应力分布;(f) 压应力分布

进一步分析可液化土层与地下结构动力相互作用空间分布变异性的物理机理,得出以下结论。

(1) 空间分布变异性与结构和土体的相对变形有关。由于地下结构和土层的刚度差异,二者会产生不协调变形,在结构与土体变形差异较大处,近场土的超静孔压、有效应力、模量会发生显著改变,从而影响动力相互作用的空间分布。而结构形状又会显著影响其相对土体的变形协调性,进而影响动力相互作用的空间分布变异性。这里,用式(2.1)定义的变形比来反映结构与土体的相对变形。其中,结构剪切变形 $\Delta_{\text{structure}}$ 和土体剪切变形 Δ_{soil} 分别取自结构-土体动力分析和自由场分析中的变形峰值。当变形比为 1 时,说明结构和土体的变形是完全协调的。图 3.23 给出了 7 种不同高宽比下矩形结构的变形比,可见对于相同高度的矩形结构,高宽比越大,变形比越大,说明结构的变形协调性更强。进一步分析结构两侧墙所受土体压应力的差异,以研究相互作用的空间分布变异性。取结构弯矩峰值时刻两侧墙中点处所受的动水平向总压应力增量之比(压应力比)为分析指标(图 3.23),可见对于相同高度的矩形结构,高宽比越大,压应力比越小,则动力相互作用的空间分布变异性越弱。考虑到本书研究对象中的圆形结构尺寸与矩形结构近似(圆形结构外径为 7m,矩形结构高度为 8m),且两种结构有相同的埋深,可以对两种结构开展对比分析。图 3.23 也给出了圆形结构的变形比和压应力比,可见与高宽比为 1 的矩形结构相比,圆形结构相对土体有更好的变形协调性,变形比更大,且压应力比很小,说明动力相互作用的空间分布变异性很弱,这也与已有研究结论一致(Wang,1993;Hashash et al.,2001)。

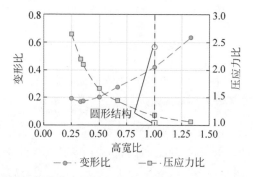

图 3.23　压应力空间分布变异性机理变形比-高宽比、压应力比-高宽比关系

(2) 空间分布变异性与结构的局部变形有关。在可液化土层中,地震过程中土体会发生弱化,对结构的约束作用减弱,因而结构会产生局部变形,影响动力相互作用的空间分布。这里选取相对挠度 Δ_r 表征结构的局部变形,其定义为

$$\Delta_r = \Delta_{\text{left}} - \Delta_{\text{right}} \tag{3.1}$$

Δ_{left} 和 Δ_{right} 分别是结构最大弯矩时刻(也是最大剪切变形时刻)左、右两侧墙相对于顶板中点的挠度(图 3.24(a))。当左、右两侧墙相对挠度相等时($\Delta_r = 0$,$\Delta_{\text{left}} = \Delta_{\text{right}}$),两侧墙的局部变形和所受土体剪力均相同,

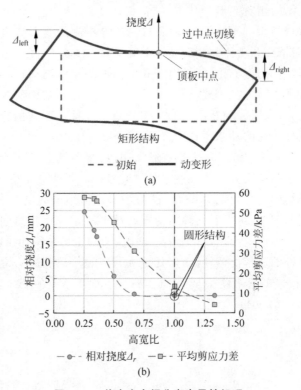

图 3.24　剪应力空间分布变异性机理

(a) 矩形结构最大变形分布(变形放大 200 倍)；(b) 相对挠度-高宽比、平均剪应力差-高宽比关系

而更大的相对挠度 Δ_r 则反映了两侧墙更大的局部变形和所受土体剪力的差异。图 3.24(b)给出了 7 种不同高宽比下矩形结构的相对挠度 Δ_r，可见对于相同高度的矩形结构，高宽比越大，相对挠度 Δ_r 越小，说明其局部变形越小。进一步分析结构两侧墙所受土体剪应力的差异，以研究相互作用的空间分布变异性，取结构弯矩峰值时刻两侧墙所受动剪应力增量的平均值之差为分析指标，即平均剪应力差，如图 3.24(b)所示。可见对于相同高度的矩形结构，高宽比越大，平均剪应力差越小，则动力相互作用的空间分布变异性越弱。对于圆形结构，式(3.1)中的 Δ_{left} 和 Δ_{right} 分别取为结构弯矩峰值时刻，结构左、右两端点相对于结构顶点的挠度。圆形结构的相对挠度 Δ_r 和平均剪应力差也在图 3.24(b)中给出，与矩形结构做对比分析，可见与高宽比为 1 的矩形结构相比，圆形结构的相对挠度 Δ_r 和平均剪应力差都更小，说明其局部变形和动力相互作用空间分布变异性

更弱。

　　综上所述,地下结构形状会显著影响其与土体的相对变形和自身局部变形,进而影响动力相互作用的空间分布。对于圆形截面结构,这两种因素的影响微弱,动力相互作用的空间分布变异性一般可以忽略不计。因此,当考虑了可液化土层中超静孔压累积引起的侧向压力作用后,可以对既有的地下结构抗震设计简化分析方法做出改进。而对于矩形截面结构,尤其是对高宽比较小的结构,在分析其在可液化土层中的地震响应时,须开展弹塑性动力时程分析,以考虑结构与土层的相对变形和结构局部变形引起的动力相互作用空间分布变异性。

第 4 章　可液化土层中地下结构-
邻近地上结构系统动力
模型试验和数值模拟

模型试验和数值模拟是岩土工程抗震问题的重要研究方法。本章制备了精细化地下结构物理缩尺模型,开展了离心机振动台动力模型试验,再现了可液化土层中地下结构-邻近地上结构系统的地震动力响应。对于邻近结构系统的研究要充分考虑其三维效应,为此,建立了可液化土层中地下结构-邻近地上结构系统的三维精细化数值模型并开展了弹塑性动力时程分析,通过模拟离心机试验,验证了数值方法的有效性。本章的模型试验和数值模拟为后文揭示邻近地上结构对地下结构地震响应的影响规律及其物理机理奠定了基础,并建立了对这一问题的基本物理认知。

4.1　离心机振动台动力模型试验

本书针对可液化土层中单一装配式地下结构及地下结构-邻近地上结构系统开展了离心机振动台动力模型试验,本节主要介绍试验设备、试验方案等基本信息。

4.1.1　试验设备

在中国水利水电科学研究院的 450g-t 土工离心机上开展离心机振动台动力模型试验(图 4.1(a)),该设备的最大动力离心加速度为 120g m/s^2(侯瑜京,2006)。该离心机配套的振动台可以实现水平-竖直双向同步振动,水平方向和竖直方向的输入加速度峰值分别为 30g m/s^2 和 20g m/s^2,最大激振频率为 400Hz,目前已经应用到大量岩土工程抗震的研究课题中(Liu et al.,2018;张雪东 等,2020)。试验采用了尺寸长为 0.80m、宽为

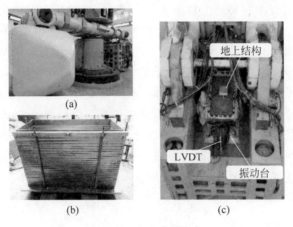

图 4.1　主要试验设备

（a）450g-t 土工离心机；（b）叠环式剪切模型箱；（c）振动台及设备安装

0.36m、高为 0.50m 的叠环式剪切模型箱，每层叠环高 0.02m，以模拟自由场边界。模型箱采用密度较小的铝合金材料制成，每层叠环为薄壁空心形式，以减小自身质量带来的试验误差。试验在 40g 的动力离心加速度下开展，本章的数据统一采用原型比尺表述。

4.1.2　试验方案

本节试验采用中国福建平潭标准砂，土层模型采用空中砂雨法制样，以控制试样密度均匀，土层相对密度为 50%，物性试验所得的基本物理参数见表 4.1。本试验配置了浓度为 0.35% 的羟丙基甲基纤维素溶液以改变孔隙流体的黏滞系数，在真空箱中采用滴定法对砂土试样进行饱和，使得在动力离心模型试验中，动力时间和固结时间比尺保持一致。

表 4.1　试验所用砂土参数

颗粒比重	最大干密度/ （kg/m³）	最小干密度/ （kg/m³）	干密度/ （kg/m³）	渗透系数/ （m/s）
2.65	1.720×10^3	1.410×10^3	1.549×10^3	7.19×10^{-4}

试验设计方案如图 4.2 所示，设定水平方向为 x 轴，竖直方向为 y 轴。已有研究（Wang，1993；Hashash et al.，2001；Pitilakis et al.，2014；Yu et al.，2016）表明，地下结构地震响应主要受土层变形控制，而倾斜可液化

土层在地震过程中容易产生显著的侧向变形,使得位于其中的地下结构产生更为剧烈的地震响应(Chen et al.,2019;Zhuang et al.,2019)。因此,本试验的模型试验也设计为倾斜场地,在砂雨法制样和安装模型箱于振动台时,通过在模型箱底部一侧安装楔形体,使箱体一侧略微抬高,测量所得的场地倾角为 0.85°(图 4.2(a)~(d))。本试验针对不同结构系统,设计并开展了两个离心机试验,试验 1 为倾斜可液化土层中的单一装配式地下结构,试验 2 的土层和地下结构条件与试验 1 相同,差异在于在其地下结构正上方放置了一个地上结构,从而可以通过对比两个试验地下结构的地震响应,分析邻近地上结构对地下结构的影响。

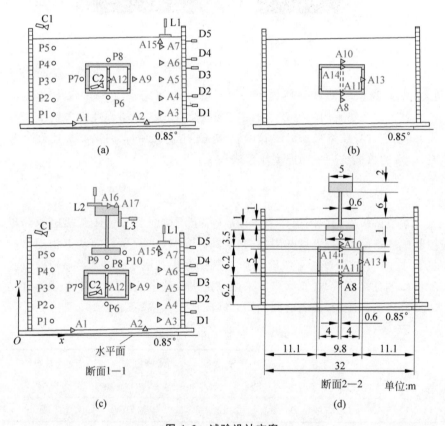

图 4.2　试验设计方案

试验 1:(a) 断面 1,(b) 断面 2;试验 2:(c) 断面 1,
(d) 断面 2;(e) 装配式地下结构断面

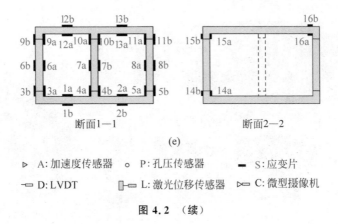

断面1—1　　　　断面2—2

(e)

▷ A:加速度传感器　○ P:孔压传感器　▬ S:应变片

▭ D:LVDT　▣ L:激光位移传感器　▻ C:微型摄像机

图 4.2　（续）

　　试验的结构模型由铝合金材料制成,其密度为 $2700\mathrm{kg/m^3}$,弹性模量为 $68.5\mathrm{GPa}$,结构模型如图 4.3 所示。参照日本仙台市一典型的单层双跨装配式地铁车站(Japan Tunneling Association,1988)设计了精细化预制装配式地下结构物理缩尺模型,其由顶板、底板、中柱、两侧墙共 5 个预制装配构件组装而成,装配构件之间由螺栓连接(图 4.3(a)和(b))。地下结构埋深为 5.5m,横截面长为 9.8m,高为 6.2m,板和墙的厚度均为 0.6m,中柱截面尺寸为 $0.6\mathrm{m}\times0.6\mathrm{m}$,位于结构中心。地下结构纵向两端用透明有机玻璃板密封,以防止试验过程中土和水进入结构,为了减小密封边界的影响,玻璃板与结构通过密度较小的软硅胶进行黏结。装配构件之间的连接螺栓由 34CrMo4 合金钢制成,直径为 0.12m。板与墙之间采用 2 个螺栓连接(图 4.3(f)),板与柱之间采用 1 个螺栓连接(图 4.3(g)),装配构件之间的接缝距离结构顶板(或底板)1m,中心位置处设有安装槽(图 4.3(c)和(f))。装配构件间的接缝止水处理对装配式地下结构至关重要,可以防止因接头处局部变形引起的地下水渗漏(Gong et al.,2019)。本试验设计时在每个装配接缝处安装了直径为 0.06m 的橡胶止水(图 4.3(c)和(e))。试验 2 的地上结构(图 4.3(d))位于地下结构的正上方,由厚度为 1m、埋深为 2m、截面尺寸为 $6\mathrm{m}\times6\mathrm{m}$、质量为 100t 的浅基础支持。地上结构高为 8m,质量为 140t,模拟顶部为集中质量的单自由度振动体系,固有频率为 0.93Hz。

　　试验中使用了多种传感器记录加速度、孔压、结构应变、位移等物理量,其布置如图 4.2 所示。图中的断面1—1位于模型纵向中心位置,断面2—2

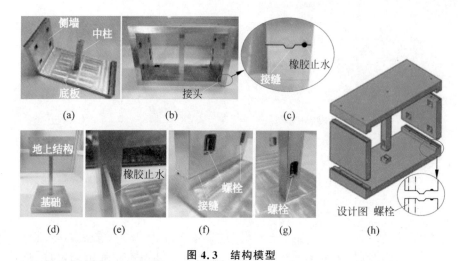

图 4.3　结构模型

(a) 地下结构装配构件；(b) 装配后的地下结构；(c) 接头细部；(d) 地上结构及其基础；
(e) 接头橡胶止水；(f) 侧墙接头接缝和螺栓；(g) 中柱接头接缝和螺栓；(h) 地下结构设计图

与断面 1—1 之间的距离为 1m。

试验使用的加速度传感器的测量范围为 $-50g \sim 50g$，分辨率为 0.0002g，频率为 0.8～10 000Hz(模型比尺下)。在图 4.2 中，加速度传感器用 A 表示。其中，A1 和 A2 安装于振动台上，分别测量水平和竖直方向的输入地震动加速度；其他加速度传感器安装在土层中或结构上，A3～A7 用来测量远场土的水平加速度，A8～A10 用来测量地下结构周围近场土的水平加速度，A8、A9、A10 的深度分别与 A4、A5、A6 相同，A11～A14 用来测量地下结构不同装配构件的水平加速度，A15 用来测量远场土浅层的竖直加速度。在试验 2 中，除了 A1～A15 外，A16 和 A17 安装于地上结构顶部，分别用来测量其水平和竖直加速度。

试验使用的孔压传感器测量范围为 $-50g \sim 50g$，分辨率为 0.1kPa，频响为 20 000Hz(模型比尺下)。在图 4.2 中，孔压传感器用 P 表示，P1～P5 用来测量远场土的孔压，深度与 A3～A7 相同，P6～P8 用来测量地下结构周围近场土的孔压，P6、P7、P8 的深度分别与 P2、P3、P4 相同。在试验 2 中，除了 P1～P8 外，P9 安装于地上结构基础下方 0.5m 处，P10 安装于基础右侧 1.5m 处(深度与 P5 相同)，用来测量基础周围近场土的孔压。

试验使用了电阻应变片,通过频响为 1000Hz 的数据采集系统,使用 1/4 惠斯通电桥来测量应变。应变片的测量范围为 1.8×10^{-2} mm,电阻为 120.1Ω,灵敏度指数为 2.08,应变片长度为 5mm(模型比尺下)。在图 4.2 中,应变片用 S 表示,地下结构上一共安装了 16 对应变片,其中,6 对应变片跨过装配接缝连接相邻两个装配构件,用来测量接缝张开量,其他 10 对应变片位于非接头位置,用来测量结构内力。

试验使用了两种位移传感器。第一种是差动式位移传感器,测量范围为 ± 30mm,分辨率为 0.012mm(模型比尺下),连接在模型箱外缘的不同深度处,以间接测量远场土的水平位移,在图 4.2 中用 D 表示,D1~D5 的深度分别为 14.0m、12.1m、6.1m、4.2m、0.4m。第二种是激光位移传感器,测量范围为 50mm,分辨率为 8μm,响应时间为 660μs(模型比尺下),在图 4.2 中用 L 表示,L1 用来测量远场土表的竖直位移。在试验 2 中,除了 L1 外,L2 和 L3 分别用来测量地上结构的竖直和水平位移。

试验还使用了两台高清高频微型摄像机,在图 4.2 中用 C 表示,C1 安装在土表上方,用来观测土层和地上结构的地震响应,C2 安装在地下结构内部,用来观测地下结构的地震响应,如接缝的局部变形和渗漏等。此外,透过玻璃板也可以直接观测近场土的地震响应。

两个试验设定相同的目标输入地震动,为水平和竖直方向同时激振,竖直方向输入地震动的加速度峰值设定为水平方向的一半。目标输入地震动为帕克菲尔德(Parkfield)地震记录,该地震记录已广泛应用于岩土工程的抗震研究(Joghataie et al.,2012;Li et al.,2017;Liu et al.,2018)。试验中,受设备影响,实际输入的地震动不可避免地和目标地震动有所偏差,导致两个试验中的输入地震动略有差异,而其频谱特征相似,如图 4.4 所示。试验 1 和试验 2 的水平向输入地震动加速度峰值分别为 6.57m/s^2 和 5.00m/s^2,竖直向输入地震动加速度峰值分别为 1.86m/s^2 和 1.68m/s^2,从阿里亚斯强度(Arias intensity)(Arias,1970)对比可见,试验 1 的输入地震动能量也大于试验 2。而试验结果显示,尽管试验 2 中的输入地震动较弱,但地下结构的地震响应更为显著,这种输入地震动的差异并没有影响两个试验结果的定性对比,这将在后文详细讨论。

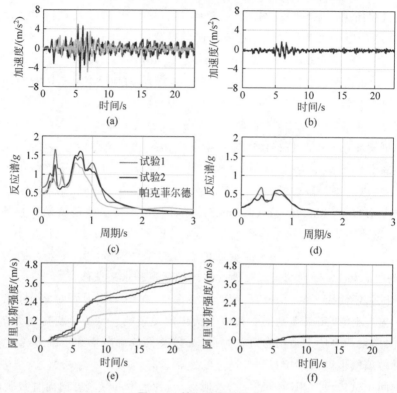

图 4.4　输入地震动信息

输入地震动时程：（a）A1 水平向地震动，（b）A2 竖直向地震动；

输入地震动反应谱：（c）A1 水平向地震动，（d）A2 竖直向地震动；

输入地震动阿里亚斯强度：（e）A1 水平向地震动，（f）A2 竖直向地震动

4.2　模型试验分析结果

　　本节对两个离心机试验的典型结果开展分析。其中，通过对试验 1 结果的分析，研究可液化土层中单一装配式地下结构的地震响应，以及结构-土体动力相互作用；通过试验 1 和试验 2 的对比，研究可液化土层中邻近地上结构对装配式地下结构地震响应的影响。

4.2.1　单一装配式地下结构典型地震响应

　　由于试验使用的叠环模型箱质量较小，可以近似认为模型箱和土层试样系统是理想剪切梁，模型箱叠环侧壁与同高度处的土层具有相同的水平

位移。因此,差动式位移传感器测得的模型箱壁水平位移可以近似代表远
场土层的水平位移。不同深度远场土的水平位移时程如图 4.5 所示,可见
倾斜场地在地震过程中会产生明显的指向坡脚方向的单向位移,深度越浅,
位移越大。远场土 0.4m 深度处的水平位移峰值可达 -0.50m。

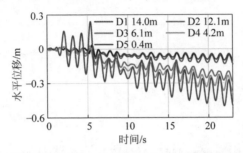

图 4.5　不同深度处远场土的水平位移时程

加速度传感器测得的土层加速度的时程和反应谱如图 4.6 和图 4.7 所
示。通过对比不同深度处远场土加速度 A3～A7(图 4.6(a)～(d),图 4.7(a),
传感器 A5 未成功记录数据)和水平向输入地震动加速度 A1(图 4.4(a),
图 4.7(a)),可见在地震动前期(5s 前),不同深度处的加速度幅值差异较
小,而在地震动后期(5s 后),加速度幅值从深层到浅层发生衰减;在地震过
程中,由于可液化土层中超静孔压的累积,土体弱化,远场土加速度的高频
分量(频率大于 1Hz)发生衰减。远场浅层土的竖直向加速度 A15
(图 4.6(l),图 4.7(d))的峰值显著大于竖直向输入地震动加速度 A2(图 4.4(b),
图 4.7(d));A15 不同频率处的分量相比 A2 普遍放大,这反映了场地在两个
方向上加速度响应的差异。浅层土的加速度 A7 和 A15 在后期(15s 后)产
生了明显的峰值,这种现象与饱和砂土的剪胀性有关,浅层土体地震液化后
(后文将介绍)会产生指向坡脚方向的单向位移,土体剪胀并迅速恢复刚度,
产生高频分量的加速度峰值,在已有的试验研究(Arulmoli,1992;Zeghal
et al.,1999;He et al.,2020)中也观察到同样的现象。

对比近场土和远场土的加速度响应,分析地下结构对近场土地震响应
的影响作用。如图 4.7(b)所示,在低频范围内(频率小于 2Hz),近场土的
加速度与同深度处远场土(A10 和 A6,A8 和 A4)相似;在高频范围内(频
率大于 2Hz),地下结构上方近场土的加速度(A10)小于同深度处远场土
(A6),而地下结构下方近场土的加速度(A8)大于同深度处远场土(A4)。
当输入地震动较弱时(5s 前和 10s 后),近场土的加速度幅值与同深度处远

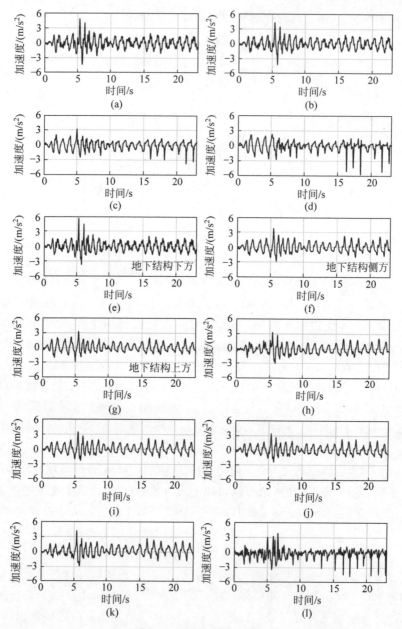

图 4.6　土层加速度时程

(a) A3 远场 15.7m；(b) A4 远场 12.7m；(c) A6 远场 4.5m；(d) A7 远场 1.5m；(e) A8 近场 12.7m；(f) A9 近场 8.6m；(g) A10 近场 4.5m；(h) A11 底板；(i) A12 中柱；(j) A13 右墙；(k) A14 顶板；(l) A15 远场 0.5m(竖直向)

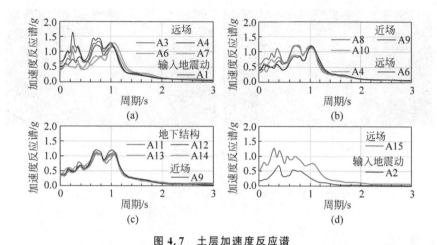

图 4.7　土层加速度反应谱

（a）水平向加速度反应谱：远场和输入地震动；（b）水平加速度反应谱：近场和远场；

（c）水平加速度反应谱：地下结构和近场；（d）竖直向加速度反应谱：远场和输入地震动

场土（A10 和 A6，A8 和 A4）相近；而当输入地震动较强时（5～10s），近场土和远场土的加速度幅值有明显差异，地下结构上方近场土的加速度幅值（A10，3.24m/s^2，图 4.6（g））小于同深度处远场土（A6，3.73m/s^2，图 4.6（c）），而地下结构下方近场土的加速度幅值（A8，5.69m/s^2，图 4.6（e））大于同深度处远场土（A4，4.22m/s^2，图 4.6（b））。近场土和远场土水平加速度响应的差异说明地下结构影响了地震波在其周围土层中的传播，导致其下方加速度响应放大，上方加速度响应减小。

浅层土在地震过程中发生了液化，位于土表上方的摄像头 C1 记录下了液化现象，如图 4.8 所示。伴随土层液化，土表发生沉降，水面相对上升。图 4.9 给出了不同位置处土层的超静孔压时程，图 4.9（a）～（e）中的虚线代表远场土超静孔压比 $r_u = 1$，即土体发生液化，可见远场 1.5m 深度内的土体发生了液化（图 4.9（e））；而由于地下结构改变了近场土的初始应力分布，无法根据试验数据确定近场土的超静孔压比 r_u，因此图 4.9（f）～（h）中没有绘出土体液化的表征线。对比同深度处近、远场土体的超静孔压响应，分析地下结构对其周围近场土的影响，地下结构上方近场土的最大超静孔压（P8，25.7kPa，图 4.9（h））小于同深度处远场土（P4，35.5kPa，图 4.9（d））；地下结构侧方近场土的最大超静孔压（P7，62.0kPa，图 4.9（g））与同深度处的远场土（P3，64.2kPa，图 4.9（c））接近；地下结构下方近场土的最大超静孔压（P6，72.6kPa，图 4.9（f））与同深度处远场土（P2，71.8kPa，图 4.9（b））接

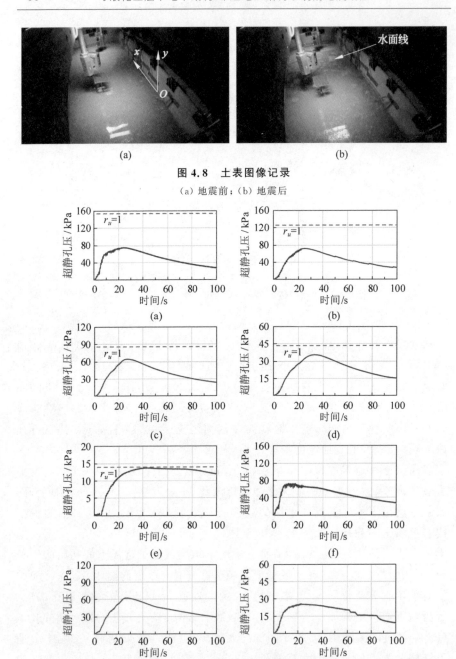

图 4.8　土表图像记录

（a）地震前；（b）地震后

图 4.9　土层不同位置处的超静孔压时程

（a）P1 远场 15.7m；（b）P2 远场 12.7m；（c）P3 远场 8.6m；（d）P4 远场 4.5m；（e）P5 远场 1.5m；
（f）P6 近场 12.7m,地下结构下方；（g）P7 近场 8.6m,地下结构侧方；（h）P8 近场 4.5m,地下结构上方

近,但波动更大。近场土和远场土超静孔压响应的差异说明地下结构会放大其下方土体的地震响应,减小其上方土体的地震响应,这也与前文加速度响应的分析规律相同。

　　利用地下结构内部的摄像头 C2 观测地下结构地震响应,地震前后的图像如图 4.10 所示,图中标记了透明有机玻璃板处一些较为明显的砂粒,它们在地震前后的相对位置关系反映了地下结构在可液化土层中的地震上浮响应,并通过测量得到地下结构的上浮量为 6.4cm。C2 记录的视频显示,装配式地下结构在地震过程中未发生破坏,接头接缝处也未发生渗漏,说明接缝处的止水处理效果良好。

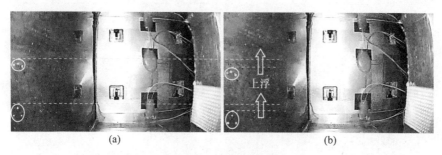

图 4.10　地下结构图像记录

(a) 地震前；(b) 地震后

　　地下结构各装配构件水平加速度 A11～A14 的时程和反应谱如图 4.6(h)～(k)和图 4.7(c)所示,可见结构加速度频谱和侧墙附近的近场土相似,这也反映了土层对地下结构地震响应的控制性影响。地下结构各装配构件的加速度峰值有所差异,其分布规律和上文分析的土体加速度不同,所处位置越浅的装配构件加速度峰值越大(底板 A11 为 3.24m/s^2,中柱 A12 为 3.48m/s^2,右墙 A13 为 3.45m/s^2,顶板 A14 为 4.18m/s^2),这是由于地震过程中土层超静孔压累积,土体发生弱化,因此位置越浅,土层对地下结构的侧向有效压力越小,从而对结构的约束作用越小,结构装配构件的加速度响应越大。

　　通过应变片可以测算装配式地下结构的变形和内力,各位置处应变片的动应变(相对初始应变值的增量)峰值如图 4.11 所示。对比可得,接头位置处的应变峰值比非接头处大一个数量级,说明接头产生更大的地震变形是装配式地下结构抗震设计的关键。对比不同非接头位置处的应变响应,可见中柱响应最为强烈(最大处为 S7,应变峰值为 207×10^{-6}),其次是墙

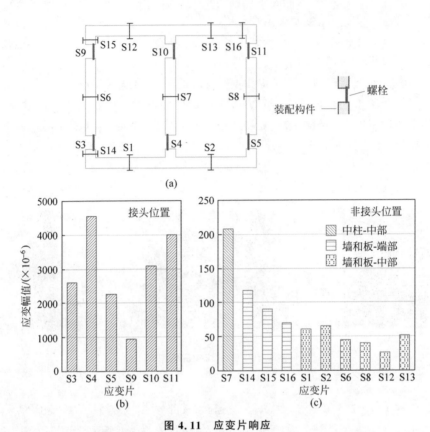

图 4.11　应变片响应

(a) 应变片位置；(b) 接头位置应变峰值；(c) 非接头位置应变峰值

和板的端部(最大处为 S14,应变峰值为 117×10^{-6}),墙和板的中部最小(最大处为 S2,应变峰值为 65×10^{-6})。

　　典型接头位置的接缝张开量时程如图 4.12 所示,各装配接头接缝的最大张开量为 0.96mm,满足结构完整性和防水性能要求。中柱接头的接缝张开量(图 4.12(a)和(c))大于侧墙(图 4.12(b)),这也说明中柱相比侧墙有更强烈的地震响应。在试验的结构设计中,由于连接螺栓并非位于接头中心位置(图 4.11(a)),导致同一接头接缝两侧的张开量不同。例如,图 4.12(a)所示的中柱底部接头(S4)的螺栓靠近左侧,则右侧(S4b)的张开量大于左侧(S4a)。因此,在装配式地下结构的抗震设计中,应当注意螺栓安装位置引起的接头非对称性地震响应。此外,各接头接缝张开量的残余值较小,说明地震结束后装配式地下结构的残余变形较小。

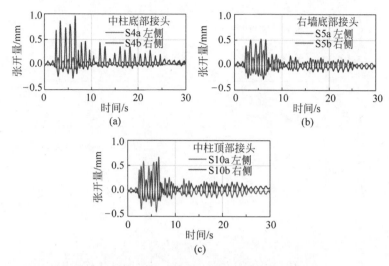

图 4.12　地下结构典型位置的接头接缝张开量时程

（a）中柱底部接头 S4a 左侧和 S4b 右侧；（b）右墙底部接头 S5a 和 S5b 右侧；（c）中柱顶部接头 S10a 左侧和 S10b 右侧

　　典型非接头位置的弯矩（相对初始弯矩的增量）时程如图 4.13 所示，第 3 章的数值分析和已有试验研究（Chen et al.，2013，2015）的结果表明，现浇一体式矩形地下结构的墙、板、柱的端部地震内力响应较大，而其中部响应相对较小。对于装配式地下结构，墙和板的弯矩分布规律与现浇一体式地下结构一致，端部较大而中部较小，而中柱中部也会产生较大的弯矩（图 4.13（b）），这是由于装配接头不能承受较大的弯矩造成的。Zhuang 等（2019）研究了在倾斜可液化土层中，土层的侧向变形会使现浇一体式地下结构产生较大的动变形和内力，而在本试验成果中，与接头接缝张开量响应相似，在倾斜土层显著的侧向变形（图 4.5）作用下，装配式地下结构的墙角和中柱并没有产生明显的残余弯矩。这些观测结果表明，接头会重新分配装配式地下结构的地震变形和内力响应，使自身变形较大，同时会减小非接头位置的内力。对于结构两侧墙的中部位置（图 4.13（a）和（c）），由于可液化土层在地震过程中超静孔压的累积，土体水平向总应力增加，会对结构产生侧向压力作用，从而使结构侧墙中部产生内侧受拉的弯矩，该试验现象也和第 3 章数值分析得到的结论一致。

　　进一步分析装配式地下结构在地震过程中不同阶段的地震内力和变形分布，并探讨结构-土体的动力相互作用。图 4.14（a）给出了地下结构侧墙

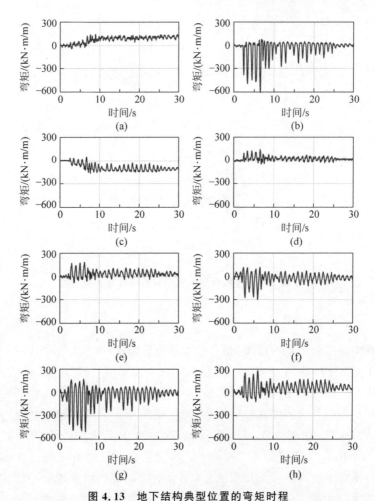

图 4.13　地下结构典型位置的弯矩时程

(a) 左墙中部 S6；(b) 中柱中部 S7；(c) 右墙中部 S8；(d) 顶板左跨中部 S12；
(e) 顶板右跨中部 S13；(f) 左墙底端 S14；(g) 左墙顶端 S15；(h) 顶板右端 S16

附近的近场土超静孔压 P7 时程、远场土水平加速度 A4 和 A6(深度分别与结构底板和顶板近似)时程、地下结构中柱水平加速度 A12 时程。选取地震动前期、土层超静孔压累积较小的时间段 2～4s，以及地震动后期、土层超静孔压累积较大的时间段 21～23s，开展对比分析。可见两个时间段内，地下结构与对应深度处远场土的水平加速度峰值接近。图 4.14(b)～(e)给出了两个时间段内地下结构典型位置的接缝张开量和弯矩时程，可见接头处的接缝张开量和非接头处的弯矩响应在地震过程中同步变化，相比地震动前

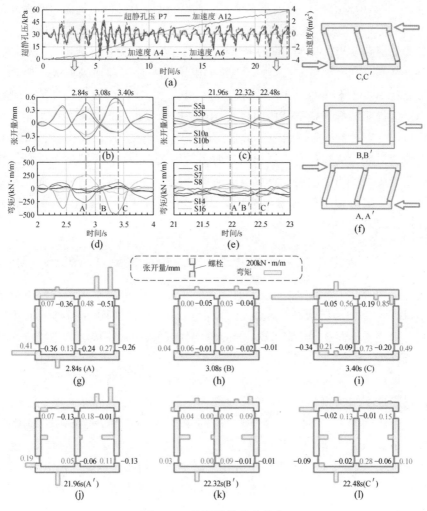

图 4.14　地下结构响应分布

(a) 加速度 A4、A6、A12,超静孔压 P7 时程;典型位置接头接缝张开量时程:(b) 2～4s,(c) 21～23s;典型位置的弯矩时程:(d) 2～4s,(e) 21～23s;(f) 典型时刻结构变形示意图;典型时刻结构接头接缝的张开量和弯矩分布:(g) A,(h) B,(i) C,(j) A′,(k) B′,(l) C′

期,在地震动后期,结构变形和弯矩均较小,说明随着土层超静孔压累积和弱化,结构-土体的动力相互作用减弱。

　　进一步地,在每个时间段内各选取 3 个典型时刻(2～4s 的 A、B、C 时刻,21～23s 的 A′、B′、C′时刻),深入分析地下结构的地震变形和内力分布。典型时刻的地下结构变形示意图如图 4.14(f)所示,在 A(A′)和 C(C′)时刻,地下结构地震响应达到极大值,分别对应时段内结构最大向右和向左的剪切变形;在 B(B′)时刻,地下结构地震响应达到极小值,对应时段内结构最小的剪切变形。图 4.14(g)~(l)给出了这 6 个时刻地下结构的典型接头接缝张开量和弯矩分布(其中一些数据由于应变片损坏而未能成功测到),可见在 A(A′)和 C(C′)时刻,结构变形和内力均较大,而在 B(B′)时刻较小。这说明装配式地下结构的接头、中柱、墙角等位置的地震响应主要受土层剪切变形控制;而侧墙中部的地震响应主要表现为内侧受拉的弯矩,且在地震后期土层超静孔压累积明显时更为显著,这反映的则是土层对结构的侧向压力作用。同第 3 章数值分析的结论一致,该试验结果也观测到了可液化土层对地下结构的这两种动力作用,即剪切变形作用和侧向压力作用。

4.2.2 邻近地上结构对装配式地下结构地震响应的影响

在试验 2 中,由于实际输入地震动弱于试验 1,土层水平位移响应也更小,如图 4.15(c)所示,试验 2 中不同深度处远场土层的水平位移峰值比试验 1 中普遍小约 25%(如远场 0.4m 深度处,试验 1 和试验 2 的土层位移峰值分别为 0.50m 和 0.37m)。

地震动结束后地上结构的照片图像如图 4.15(a)所示,位移传感器 L3 测得的地上结构顶部水平向位移时程如图 4.15(b)所示,可见地上结构顶部产生了明显的指向场地坡脚方向的单向水平位移,残余水平位移为 0.31m,与土表水平位移相近,且地上结构向场地坡脚方向发生转动,转角为 1.12°。试验 2 也观察到了可液化土层中地上结构在地震过程中的沉降,位移传感器 L1 和 L2 测得的地上结构顶部和远场土表的竖直向位移时程如图 4.15(b)所示,可见在地震结束后,远场土表的沉降为 0.18m,地上结构的沉降为 0.12m,说明地下结构对邻近地上结构和上方土体的沉降有限制作用。

试验 2 地上结构的水平和竖直向加速度时程如图 4.16 所示,水平和竖直向的加速度峰值分别为 6.77m/s^2 和 3.34m/s^2,相比输入地震动均有放大。

邻近地上结构对地下结构和近场土的加速度响应有显著的影响,可以通过对比两个试验的加速度反应谱开展分析。在两个试验中,水平向输入地震动、地下结构侧方近场土、地下结构装配构件、地上结构顶部(试验 2)

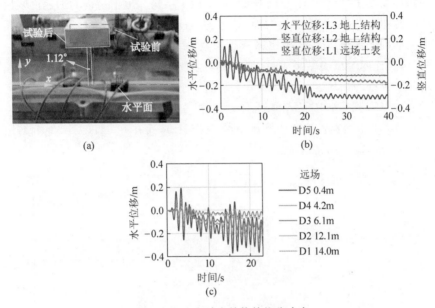

图 4.15　土和地上结构的位移响应

（a）地上结构的图像记录；（b）远场土表和地上结构的位移时程；

（c）远场不同深度处的水平位移时程

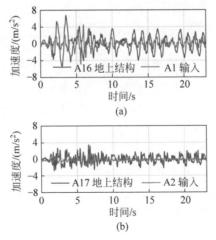

图 4.16　地上结构与输入地震动的加速度时程

（a）水平向；（b）竖直向

的加速度傅里叶谱如图 4.17 所示,可见地上结构和地下结构的加速度响应特征有明显差异,地下结构的加速度频谱与周围土体和输入地震动相似,而地上结构的加速度频谱相比输入地震动在主频(0.94Hz)处有明显放大。同时,对比两个试验结果可见,地上结构会放大近场土和地下结构在输入地震动主频处的加速度分量。从地上结构加速度频谱相对输入地震动的放大系数可以看到,考虑了结构-土体动力相互作用的地上结构固有频率为 0.64Hz(小于固定支座边界测试下的 0.93Hz),而在 0.64Hz 处,地上结构对近场土和地下结构的加速度放大效应并不明显。

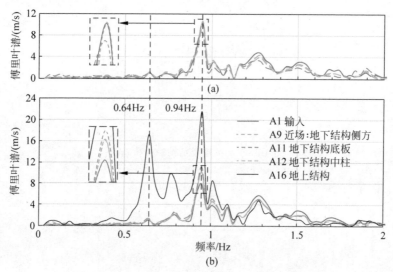

图 4.17　输入地震动、土层、结构的加速度傅里叶谱

(a) 试验 1;(b) 试验 2

两个试验中的远场土 P5、试验 2 中的基础侧方同 P5 深度处近场土 P10 的超静孔压时程如图 4.18 所示,可见两个试验在 1.5m 深度内都发生了液化,且由于试验 1 中输入地震动更强烈,超静孔压的累积速度更快。在试验 2 中,近场土 P10 超静孔压的累积速度(32s 达到液化)相比同深度远场土 P5(65s 达到液化)更快,说明地上结构加剧了基础附近两侧近场土的超静孔压响应,这是由于地上结构的地震响应放大了近场土的剪切变形引起的。

图 4.19 给出了试验 1 和试验 2 在相同阿里亚斯强度(3.95m/s)时刻三组同深度处远、近场土体的最大超静孔压,可见由于试验 2 的输入地震动相对更弱,深层远场土的最大超静孔压更小,而浅层远场土的最大超静孔压

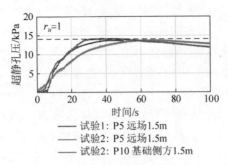

图 4.18　远场和基础附近近场土的超静孔压时程

值趋于相近。地下结构附近近场土的超静孔压响应也会受到地上结构的影响,选取同深度近场土和远场土最大超静孔压的比值作为分析指标,即近/远场超静孔压比,以消除两个试验中由输入地震动存在差异带来的影响。如图 4.19 所示,两个试验中不同深度的近/远场超静孔压比有所不同,反映出地上结构对近场土超静孔压响应的影响。在试验 1 和试验 2 中,地下结构正上方近场土的近/远场超静孔压比分别为 0.87 和 0.54,说明地上结构抑制了该位置的孔压响应,这是因为地上结构对该位置处的土体有压实作用,增大了近场土的动强度。在试验 1 和试验 2 中,地下结构侧方近场土的近/远场超静孔压比分别为 0.95 和 0.97,地下结构正下方近场土的近/远场超静孔压比分别为 1.02 和 1.08,说明地上结构放大了这些位置的孔压响应,是地上结构放大了地下结构的地震响应造成的,后文将对此展开论述。

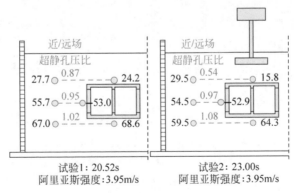

图 4.19　最大超静孔压和近/远场超静孔压比的分布

从对图 4.17 的分析已经得到,地上结构不仅会放大近场土的加速度响应,还会放大地下结构的加速度响应,而地上结构对地下结构地震响应的放大作用也体现在内力和变形上。在两个试验中,地下结构典型位置的接头接缝张开量和弯矩时程如图 4.20 所示。尽管试验 2 的输入地震动更弱,但其结构最大弯矩(中柱 S7 位置,614.3kN・m/m)大于试验 1(606.2kN・m/m),墙角弯矩对比也有同样的规律(试验 2 中左墙顶端 S15位置为 511.0kN・m/m,试验 1 中为 502.4kN・m/m),说明地上结构放大了地下结构的地震内力响应。从图 4.20(e)和(f)可见,试验 2 的中柱接头

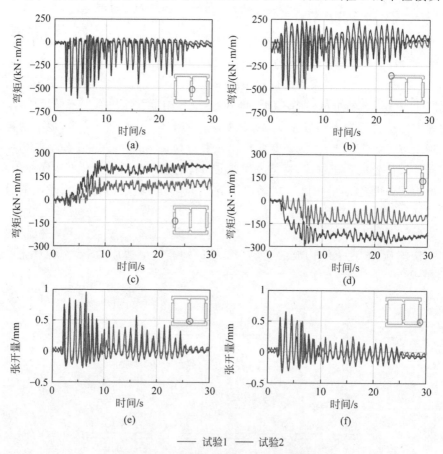

—— 试验1　—— 试验2

图 4.20　地下结构典型位置的地震响应

弯矩时程:(a)中柱中部 S7,(b)左墙顶端 S15,(c)左墙中部 S6,(d)右墙中部 S8;
接头接缝张开量时程:(e)中柱接头 S4b,(f)右墙接头 S5b

最大张开量(发生在 S4b)和侧墙接头最大张开量(发生在 S5b)均与试验 1 相近,试验 2 更弱的输入地震动也同样说明了地上结构会放大地下结构的地震变形响应,其规律与内力响应规律相同。

　　邻近地上结构对地下结构侧墙中部的地震响应也有显著影响。前文已经论述,地下结构侧墙中部主要受到两侧近场土的侧向压力作用,产生内侧受拉的弯矩,而从图 4.20(c)和(d)可见,试验 2 地下结构侧墙中部的弯矩峰值近似为试验 1 的 2 倍,且这种差异产生于土层超静孔压累积较小的地震动前期,说明地上结构增大了地下结构两侧近场土的侧向压力。上述结果均表明,虽然试验 2 的输入地震动和土体变形均明显小于试验 1,但地下结构的加速度、内力、变形响应都普遍更大,这种试验现象反映了地上结构对地下结构地震响应的放大效应,值得在地下结构抗震设计中予以重视。

4.3　地下结构-邻近地上结构系统数值模拟

　　相比第 3 章中的单一地下结构地震响应研究,对于邻近结构系统,要充分考虑邻近结构相对位置关系带来的三维效应,因此二维平面应变模型不能充分满足研究要求。本节基于离心机振动台动力模型试验,建立了三维精细化有限元数值分析模型。其中,试验所用饱和砂土采用液化大变形统一本构模型 CycLiqCPSP 模型模拟,并将第 2 章提出的装配接头的二维数值模拟方法推广至三维模型,开展了可液化土层中装配式地下结构-邻近地上结构系统的弹塑性动力时程分析,通过对试验结果的模拟,验证了数值方法的有效性。

4.3.1　三维动力时程分析方法

　　三维数值分析在 OpenSees 有限元程序中开展,计算模型如图 4.21 所示,水平方向设为 x 轴,竖直方向设为 z 轴。土体采用流固耦合六面体单元模拟,试验所用饱和砂土采用液化大变形统一本构模型(CycLiqCPSP 模型)模拟(Wang et al.,2014)。福建标准砂的模型参数根据相关研究(Wang et al.,2016;Chen et al.,2018;He et al.,2020)选定,如表 4.2 所示。土的孔隙比、渗透性、密度等参数也根据其物性试验确定,砂土的典型不排水循环扭剪试验的模拟结果如图 4.22 所示。

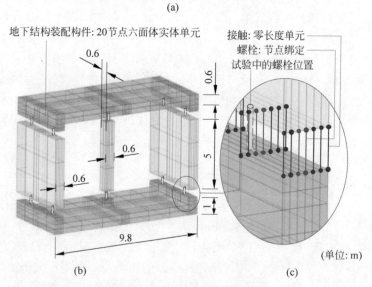

图 4.21　离心机试验的数值模型

（a）三维数值分析模型；（b）装配式地下结构模型细部；（c）装配接头模型细部

表 4.2　CycLiqCPSP 模型参数

G_0	κ	h	$d_{re,1}$	$d_{re,2}$	d_{ir}	α	$\gamma_{d,r}$	n^p	n^d	M	λ_c	e_0	ξ
80	0.006	0.4	0.1	30	0.25	40	0.05	1.1	8	1.0	0.023	0.904	0.7

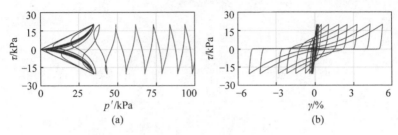

图 4.22　砂土典型不排水循环扭剪试验结果

(a) 应力路径；(b) 应力应变关系

地下结构和地上结构采用 20 节点六面体单元模拟,结构采用线性弹性本构模型模拟,材料参数根据物性试验确定。地下结构的装配接头沿用第 3 章提出的零长度连接单元组的模拟方法,接头处两侧管片上对应的节点采用零长度单元连接,非螺栓位置处采用抗压不抗拉本构模型模拟,在试验中,由于观测到的螺栓响应和接头变形较小,在数值模型中,将螺栓位置处对应节点自由度进行简单绑定,如图 4.21(c) 所示。

三维数值分析的边界条件和分析步设定与前文所述二维数值分析相同,数值模型的计算域均为饱和土层,地表为自由排水边界,左、右两侧边界为捆绑边界,静力分析步得到初始自重应力场后,在基岩面同时输入两个方向的地震动,土体阻尼取瑞利阻尼。

4.3.2　典型试验结果与数值模拟结果对比

通过离心机振动台动力模型试验验证三维数值分析方法的有效性,模型试验和数值模拟的典型结果对比如图 4.23~图 4.27 所示。

由图 4.23 可见,对于不同深度处远场土、地上结构顶部、地下结构(以右墙中部为例)的加速度响应,数值分析都有较为准确的模拟结果,也可以反映土层加速度衰减、地上结构加速度放大等现象。由图 4.24 可见,对于不同深度处远场土和地上结构顶部的位移响应,数值分析都有较为准确的模拟结果。由图 4.25 可见,对于不同深度远场土的超静孔压累积和消散,数值分析都有较为准确的模拟结果,较好地描述了饱和砂土的剪胀性。由

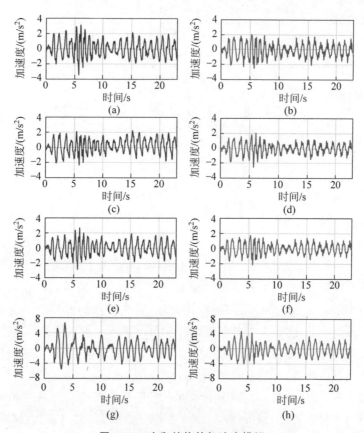

图 4.23   土和结构的加速度模拟

A5 远场 8.6m：(a) 试验，(b) 模拟；A6 远场 4.5m：(c) 试验，(d) 模拟；

A13 地下结构右墙：(e) 试验，(f) 模拟；A16 地上结构：(g) 试验，(h) 模拟

图 4.26 可见，对于地下结构(以右墙中部和左墙顶端为例)的弯矩响应，数值分析都有较为准确的模拟结果。由图 4.27 可见，对于地下结构接头(以中柱底部接头和右墙底部接头为例)的左、右两侧接缝张开量响应，数值分析也都有较为准确的模拟结果，这也验证了三维数值模型中，装配式地下结构接头精细化模拟方法的有效性。综上所述，离心机试验和数值模拟得到的土层、地上结构、地下结构的地震响应均具有良好的一致性，验证了本节建立的三维精细化数值模拟方法在可液化土层中地下结构-邻近地上结构系统地震响应研究中的有效性。

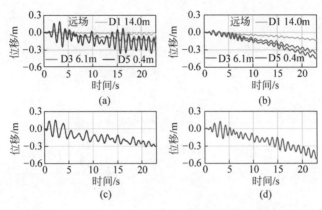

图 4.24　土和结构的位移模拟

D1、D3、D5：(a) 试验，(b) 模拟；L3 地上结构：(c) 试验，(d) 模拟

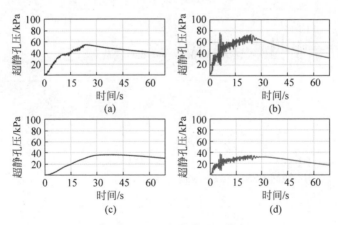

图 4.25　土层的超静孔压模拟

P3 远场 8.6m：(a) 试验，(b) 模拟；P4 远场 4.5m：(c) 试验，(d) 模拟

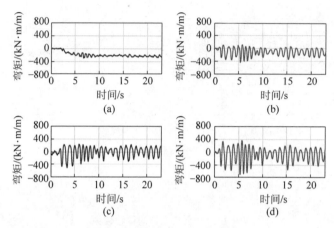

图 4.26   结构的弯矩模拟

S8 右墙中部:(a) 试验,(b) 模拟;S15 左墙顶端:(c) 试验,(d) 模拟

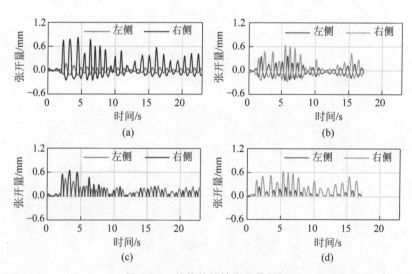

图 4.27   结构的接缝张开量模拟

S4 中柱底部接头:(a) 试验,(b) 模拟;S5 右墙底部接头:(c) 试验,(d) 模拟

第 5 章 可液化土层中邻近地上结构对地下结构地震响应的影响作用研究

基于第 4 章离心机模型试验对邻近结构系统地震响应这一问题形成的基本认知和建立的三维数值分析方法,本章建立了可液化土层中不同位置关系的邻近结构系统数值分析模型;深入研究了邻近地上结构对地下结构地震内力、变形、上浮等响应的影响规律及其物理机理,并探讨了这种相互影响作用的主要影响因素;最后,基于物理机理,提出了地下结构抗震设计中可考虑邻近地上结构影响的实用分析方法。

5.1 地下结构-邻近地上结构系统地震响应分析模型和结果

第 4 章通过模拟离心机振动台动力模型试验验证了三维数值分析方法的有效性,在此模型和方法基础上,针对本书的主要研究目标,建立了更为一般化的分析模型,开展可液化土层中地下结构-邻近地上结构系统的地震响应研究,本节将介绍该研究的数值模型、地震动选用,以及典型的计算结果。

5.1.1 分析模型和计算工况

本节建立的 4 个标准数值分析模型如图 5.1 所示。数值分析模型的设定大多与离心机试验模型一致,包括计算平台、本构模型、土层参数、结构尺寸与埋深、边界条件等。根据研究目标,对部分参数进行了调整。

地下结构简化为单层单跨的一体式结构,在纵深方向(y 轴)延伸为 48m,以充分考虑邻近地上结构的三维效应。地下结构模型的参数修改为更符合工程实际的 C50 混凝土材料参数,弹性模量为 68.5GPa,泊松比为

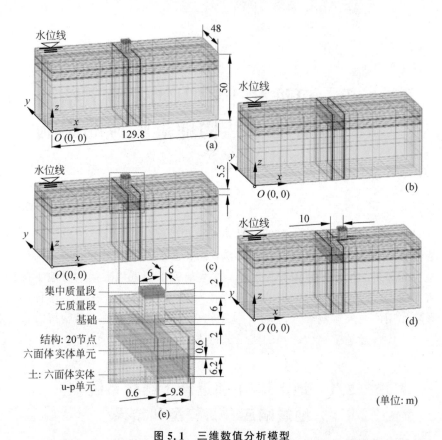

图 5.1 三维数值分析模型

(a) 工况 1：单一地上结构；(b) 工况 2：单一地下结构；(c) 工况 3：正上方邻近；
(d) 工况 4：侧上方邻近；(e) 结构模型细部

0.2，密度为 2700kg/m³。地上结构仍模拟单自由度振动体系，为了放大其影响，将集中质量增大为 380t，固有频率则保持与试验模型一致。为了减小数值分析模型的边界影响，在水平方向（x 轴）将场地两侧边界距离扩展为 129.8m，单侧边界与结构侧墙的距离为 60m，是结构宽度（9.8m）的 6.1 倍。为了后续研究地下结构的埋深对邻近结构间相互作用的影响，在竖直方向（z 轴）将基岩深度扩展为 50m。此外，将数值分析模型的倾斜场地调整为水平场地，以保证结论的普遍性。

本书的 4 个标准模型分别为①饱和砂土中的单一地上结构（工况 1：单一地上结构，图 5.1(a)）；②饱和砂土中的单一地下结构（工况 2：单一地下结构，图 5.1(b)）；③饱和砂土中的邻近结构系统，其中地上结构位于地下结构正上方(工况 3：正上方邻近,图 5.1(c))；④饱和砂土中的邻近结构系统,其中地上结构位于地下结构右侧上方,二者中心在水平方向(x 轴)的距离为 10m(工况 4：侧上方邻近,图 5.1(d))。

5.1.2　地震动选用

从模型底部单向输入水平方向(x 轴)地震动。同第 3 章的数值分析研究一样,为了保证分析结论的可靠性与一般性,本书选择了不同峰值、频谱、波形的 7 条输入地震动,即 G1~G7,7 条地震动均选自实际地震记录,并在 SeismoSingal 程序中进行了基线修正和 10Hz 低通滤波。为了便于对比分析,将输入地震动的峰值加速度进行了调整,得到的输入地震动加速度时程和反应谱如图 5.2 所示。

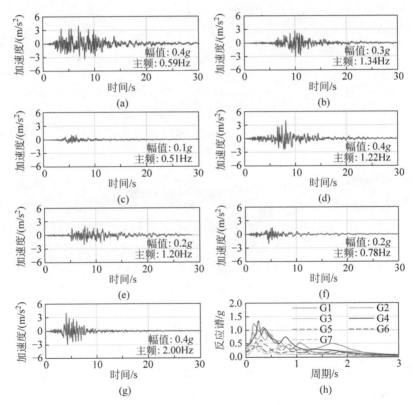

图 5.2　输入地震动加速度时程和反应谱

输入地震动时程：(a) G1,(b) G2,(c) G3,(d) G4,(e) G5,(f) G6,(g) G7；(h) 输入地震动反应谱

5.1.3　典型计算结果

　　本节将介绍在 7 条地震动作用下,土层和结构的典型地震响应。本书中土层和结构的响应均选取模型在纵深方向中心($y=24\mathrm{m}$)处的响应。在 7 条地震动作用下,远场最大超静孔压比的分布如图 5.3 所示。可见在 7 条地震动作用下,场地在地震过程中都有明显的超静孔压累积。在除 G3 外的其余 6 条地震动作用下,地下结构对应深度处远场的最大超静孔压比均超过 0.5。在 G1、G2、G4、G5 作用下,浅层发生液化。其中,在 G1 作用下,远场液化深度最大,达 7.5m。此外,计算结果显示,4 种标准工况中的远场响应相同,证明数值模型边界的影响可以忽略不计。

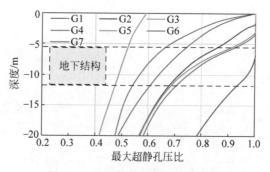

图 5.3　远场最大超静孔压比分布

　　以工况 3 为例进行分析,图 5.4 给出了 7 条地震动作用下土层和结构的典型地震响应。远场土表水平加速度峰值如图 5.4(a)所示,可见在 7 条输入地震动中,虽然 G3 的加速度峰值最小,但在 G3 作用下,土表加速度峰值最大,达 $2.26\mathrm{m/s}^2$,且大于输入地震动。而在其他 6 条地震动作用下,土表加速度峰值均小于输入地震动,这是超静孔压累积导致的土层弱化所致(图 5.3)。远场土表的水平位移峰值如图 5.4(b)所示,在 G4 作用下,土表位移的峰值最大,达 0.22m。

　　同第 3 章的数值分析一样,用地下结构顶底板水平位移差表征其在地震作用下的剪切变形,峰值如图 5.4(c)所示,在 G7 作用下,地下结构顶底板的位移差峰值最大,达 5.90mm。第 4 章的试验结果表明,矩形地下结构侧墙顶端的内力响应最为剧烈,故这里选用该位置处的弯矩表征结构的地震内力响应,峰值如图 5.4(d)所示,在 G2 作用下,地下结构的弯矩峰值最大,达 314.72kN·m/m。

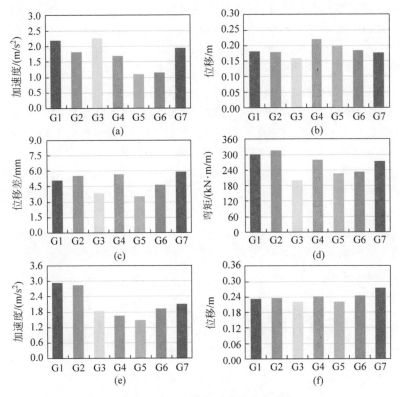

图 5.4　土和结构典型地震响应峰值

(a) 远场土表的水平加速度；(b) 远场土表的水平位移；(c) 地下结构的变形；

(d) 地下结构的弯矩；(e) 地上结构的水平加速度；(f) 地上结构的水平位移

在 7 条地震动作用下，地上结构顶部的水平加速度峰值如图 5.4(e) 所示，在 G1 作用下，地上结构的加速度峰值最大，达 2.94m/s^2。地上结构顶部的水平位移峰值如图 5.4(f) 所示，在 G7 作用下，地上结构的位移峰值最大，达 0.27m。

5.2　邻近地上结构对地下结构地震响应影响规律及其物理机理

通过 5.1 节可知，在 7 条地震动中，G1 作用下的场地液化深度最深，且土层和结构均有较大的地震响应。因此，本节均以 G1 作用下的分析结果为例开展研究。在地下结构的抗震设计中，地下结构的地震内力、变形、上浮响应是关键的抗震验算指标,本节将针对这几种地震响应,依次研究位于正上方和侧上方的邻近地上结构对地下结构的影响规律及其物理机理。

5.2.1　地下结构地震内力响应

工况 2、工况 3、工况 4 的地下结构两侧墙顶端的弯矩时程如图 5.5 所示,对比分析位于正上方和侧上方的地上结构对地下结构地震内力响应的影响。图 5.5 中的两侧墙弯矩以右侧受拉为正。可见,当地上结构位于地下结构正上方时,地下结构左墙顶端的最大正弯矩增大了 25.6%(工况 2 中为 238.60kN·m/m,工况 3 中为 299.67kN·m/m),地下结构右墙顶端的最大负弯矩增大了 31.5%(工况 2 中为−190.24kN·m/m,工况 3 中为−250.13kN·m/m),说明正上方地上结构放大了地下结构两侧墙的弯矩,产生内侧受拉的附加弯矩,这也与第 4 章中的试验现象一致。而当地上结构位于地下结构侧上方时,对地下结构地震内力的放大作用较弱。

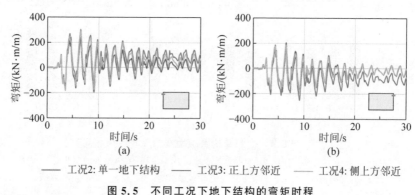

—— 工况2:单一地下结构　　—— 工况3:正上方邻近　　—— 工况4:侧上方邻近

图 5.5　不同工况下地下结构的弯矩时程

(a) 左墙顶端;(b) 右墙顶端

进一步分析这种影响的物理机理,在地震动结束时刻的工况 1 中,5.5m 深度处(工况 2~工况 4 中地下结构顶板对应深度)土层水平向总应力的增量分布如图 5.6 所示。由第 3 章分析可知,这种水平向总应力的增量是可液化土层中超静孔压累积造成的,会对地下结构产生侧向压力。由图 5.6 可见,地上结构的重力会放大其下方一定范围内土体的水平向总应力的增量。图 5.6 也用虚线画出了工况 3 和工况 4 中地下结构的位置,当地下结构位于地上结构正下方时(工况 3),两侧土体的水平向总应力增量放大最显著,从而使结构两侧墙产生明显的附加弯矩;而当地下结构位于地上结构侧下方时(工况 4),两侧土体的水平向总应力的增量放大相对较小,因此两侧墙的附加弯矩也较小。

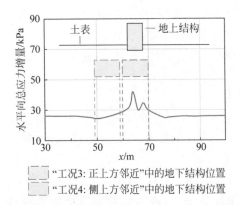

图 5.6　地上结构作用下近场土水平向总应力增量分布

5.2.2　地下结构地震变形响应

用地下结构顶底板水平位移差表征变形响应,其在工况 2~工况 4 中的时程如图 5.7 所示,以对比分析位于正上方和侧上方的地上结构对地下结构地震变形响应的影响。和内力响应的分析规律相反,当地上结构位于地下结构的正上方时,对地下结构地震变形响应的影响较弱;而当地上结构位于地下结构的侧上方时,会显著影响地下结构的地震变形,放大其指向远离地上结构一侧(工况 4 中为指向左侧)的剪切变形,使变形增大 13.4%(工况 2 中为 -5.21mm,工况 4 中为 -5.91mm)。

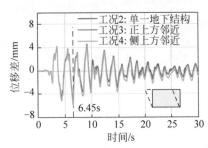

图 5.7　不同工况下地下结构顶底板的水平位移差时程

上述影响的物理机理同样可以通过图 5.6 的土层水平向总应力增量分布来分析。当地下结构位于地上结构的正下方时(工况 3),两侧土体的水平向总应力增量几乎是对称分布的,在这种土体的对称作用下,结构没有产生明显的单向附加剪切变形;而当地下结构位于地上结构的侧下方时(工况4),靠近地上结构一侧(右侧)所受的水平向总应力增量大于远离地上结构一侧(左侧),这种非对称的结构-土体动力相互作用使得地下结构产生了明显的指向远离地上结构一侧(左侧)的单向剪切变形。

5.2.3　地下结构地震上浮响应

在地震过程中,可液化土层中的地下结构在超静孔压作用下会发生上浮。在工况2~工况4中,地下结构底板两侧的竖直向位移时程如图5.8所示,以对比分析位于正上方和侧上方的地上结构对地下结构地震上浮响应的影响。如图5.8(a)和(b)所示,在工况2和工况3中,地下结构两侧的上浮量近似相等,说明其在上浮过程中保持水平状态。当地上结构位于地下结构的正上方时,地下结构的上浮量减小9.4%(工况2中为308.82mm,工况3中为279.83mm)。当地上结构位于地下结构的侧上方时,如图5.8(c)所示,地下结构左侧的上浮量(309.20mm)大于右侧(262.35mm),说明位于侧上方的地上结构不仅减小了地下结构的上浮量,还使得地下结构在上浮过程中发生了指向地上结构一侧的转动。

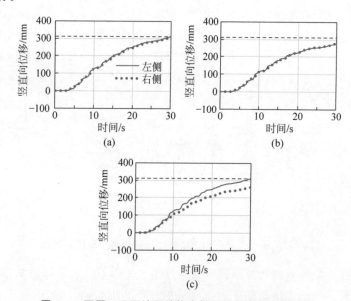

图5.8　不同工况下地下结构底板两侧竖直向位移时程

(a) 工况2:单一地下结构;(b) 工况3:正上方邻近;(c) 工况4:侧上方邻近

　　进一步分析这种影响的物理机理：在地震动开始前，自重应力作用下，工况 1 中，5.5m 深度处（工况 2～工况 4 中地下结构顶板对应深度）土层的竖直向总应力分布如图 5.9 所示，可见地上结构的重力作用会放大其下方一定范围内土体的竖直向总应力。图 5.9 也用虚线画出了工况 3 和工况 4 中地下结构的位置。当地下结构位于地上结构的正下方时（工况 3），上方土体的竖直向总应力放大最为显著，从而使结构的上浮响应被抑制；且两侧的竖直向总应力几乎是对称分布的，因此在抑制上浮的同时，保持了地下结构的水平状态。当地下结构位于地上结构的侧下方时（工况 4），地下结构上方靠近地上结构一侧（右侧）土体的竖直向总应力（图 5.9 中的 σ_{right}）大于远离地上结构一侧（左侧）土体的竖直向总应力（图 5.9 中的 σ_{left}），这种非对称的结构-土体动力相互作用使得地下结构产生了明显的指向地上结构一侧的转动。

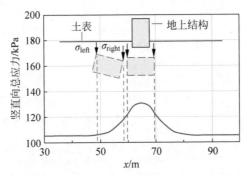

图 5.9　地上结构作用下近场土竖直向总应力分布

　　反之，地下结构的上浮和转动响应也会影响地上结构的地震响应。在工况 1、工况 3、工况 4 中，地上结构基础两侧的竖直向位移时程如图 5.10 所示。当可液化土层中的地上结构下方没有地下结构时（工况 1），地上结构在地震过程中会发生沉降；当地上结构下方存在地下结构时（工况 3 和工况 4），地下结构的上浮也会使地上结构发生上浮。此外，在工况 1 和工况 3 中，地上结构在地震过程中保持水平状态；而在工况 4 中，邻近结构间的相互作用也会引起地上结构的转动，且其旋转方向与地下结构相同。

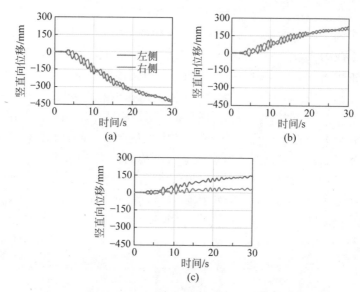

图 5.10   不同工况下地上结构基础两侧竖直向位移时程

(a) 工况 1: 单一地上结构; (b) 工况 3: 正上方邻近; (c) 工况 4: 侧上方邻近

5.3   邻近地上结构对地下结构地震响应影响作用的影响因素

本节将通过数值分析,进一步研究地震内力、变形、上浮等结构间相互作用的影响因素,并依次分析邻近结构的相对位置关系、地上结构的静动力特征、输入地震动这 3 个关键因素。

本节选取 4 个分析指标来评价邻近地上结构对地下结构地震响应的影响: ①采用有、无邻近地上结构情况下地下结构左墙顶弯矩峰值之比(弯矩比),评价地上结构对地下结构地震内力的影响; ②采用有、无邻近地上结构情况下地下结构指向左侧剪切变形方向的顶底板水平位移差峰值之比(变形比),评价地上结构对地下结构地震变形的影响; ③采用有、无邻近地上结构情况下地下结构底板中心在地震动结束时的上浮量之比(上浮比),评价地上结构对地下结构地震上浮的影响; ④采用有邻近地上结构情况下地下结构底板在地震动结束时的转角(结构转角),评价地上结构对地下结构地震转动的影响作用。

5.3.1　邻近结构的相对位置关系

对于给定的地下结构和地上结构,二者的相对位置关系包括水平向相对位置和竖直向相对位置。图 5.11 给出了不同水平向相对位置下的 4 个分析指标,由图可见水平向相对位置对地上结构有显著影响。当地上结构位于地下结构的正上方时,对地震内力的放大作用较强,对地震上浮的抑制作用最强。随着水平向相对距离的增大,地上结构对地下结构附近近场土应力分布的影响减小,从而对地震内力和上浮的影响减小。当地上结构位于地下结构的正上方时,对地震变形和转动的放大作用最弱,且当水平向相对距离增大到一定程度时,对地震变形和转动的影响也可以忽略。在某一水平向相对距离下(本书中为 10m),对地震变形和转动的放大作用最强。

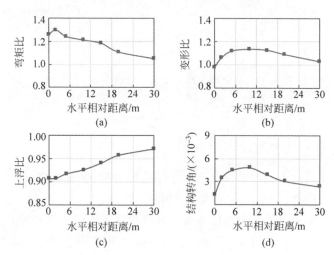

图 5.11　不同邻近结构水平相对距离下影响作用分析指标
(a) 弯矩比;(b) 变形比;(c) 上浮比;(d) 结构转角

当地上结构位于地下结构的正上方时,对地下结构地震内力和上浮响应有显著的影响,因此,在后文的分析中,弯矩比和上浮比这两个分析指标根据工况 3 和工况 2 对比得到。当地上结构位于地下结构的侧上方时,对地下结构地震变形和转动响应有显著的影响,因此,在后文的分析中,变形比和结构转角这两个分析指标根据工况 4 和工况 2 对比得到。

地下结构和地上结构间的竖直向相对位置主要取决于地下结构的埋

深。图 5.12 给出了不同地下结构埋深下的 4 个分析指标。由图 5.12 可见,地下结构的埋深对地上结构有显著影响。随着地下结构埋深的增大,地上结构对地下结构的地震内力、变形、上浮、转动的影响均减小。

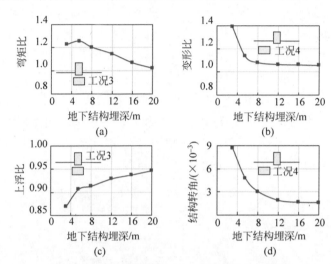

图 5.12　不同地下结构埋深下影响作用分析指标

(a) 弯矩比;(b) 变形比;(c) 上浮比;(d) 结构转角

5.3.2　地上结构的静动力特征

对于浅基础之上的单自由度地上结构,影响其静动力特征的因素包括地上结构的质量、自振周期、基础宽度等。

地上结构质量的影响评估可以通过改变数值模型中的材料密度来改变结构质量,同时改变材料刚度保持结构的自振周期不变。图 5.13 给出了不同地上结构质量下的 4 个分析指标。由图可见,质量对地上结构有显著影响。随着地上结构质量的增大,地上结构对地下结构地震内力、变形、上浮、转动的影响均增大。在后文对于地上结构自振周期和基础宽度的分析中,将地上结构的质量设为本研究中的最大值(1440t),以在最大的影响下开展分析。

为了评估地上结构自振周期的影响,改变数值模型中的材料刚度来改变结构自振周期,地上结构的其他条件保持不变。图 5.14 给出了不同地上结构自振周期下的 4 个分析指标。由图 5.14 可见,在本研究范围内,自振周期对地上结构的影响作用影响微弱。当自振周期小于 1s 时,地上结构对

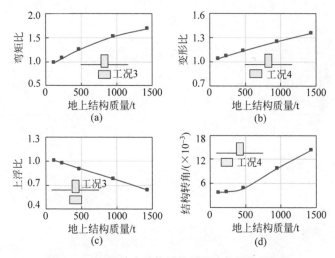

图 5.13　不同地上结构质量下影响作用分析指标

(a) 弯矩比；(b) 变形比；(c) 上浮比；(d) 结构转角

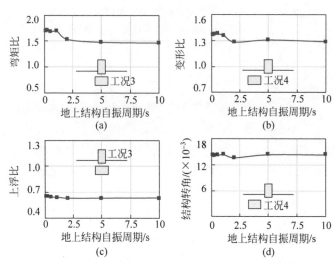

图 5.14　不同地上结构自振周期下影响作用分析指标

(a) 弯矩比；(b) 变形比；(c) 上浮比；(d) 结构转角

地下结构地震内力、变形、转动的放大作用较自振周期更大时更为显著。

　　为了评估地上结构基础宽度的影响，当基础宽度改变时，基础质量保持不变，地上结构的其他条件也保持不变。图 5.15 给出了不同地上结构基础宽度下的 4 个分析指标,随着基础宽度的增大,地上结构对地下结构地震内力、变形、上浮、转动的影响呈减弱趋势。

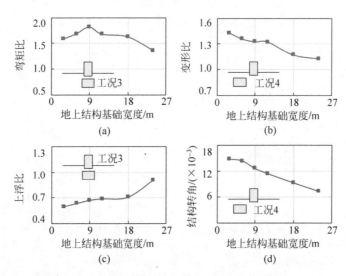

图 5.15　不同地上结构基础宽度下影响作用分析指标

(a) 弯矩比;(b) 变形比;(c) 上浮比;(d) 结构转角

5.3.3　输入地震动

图 5.16 给出了 7 条地震动作用下,通过工况 3、工况 4 得到的 4 个分析指标,以对比分析输入地震动对地上结构影响作用的影响,可见在 7 条不同峰值、频谱、波形的地震动作用下,地上结构对地下结构地震内力、变形、上浮、转动的影响规律在定性方面是一致的,证明了前文结论的可靠性与一般性。从图 5.16(a)~(c)可以看出,对于地上结构对地下结构地震内力、变形、上浮的影响,输入地震动的影响不显著,这与相关物理机理的解释是相符的,这三种影响主要是由地上结构的重力产生的,不受输入地震动的影响。不同的是,从图 5.16(d)可以看出,对于地上结构对地下结构地震转动的影响,输入地震动的影响显著,这是因为地下结构伴随上浮产生的转动响应和土层地震响应相关,而土层地震响应和输入地震动关系密切。根据第 5 章的分析,在 7 条地震动中:在 G1 作用下,场地液化程度最深,超静孔压累积最大,因此地下结构转动最大;在 G3 作用下,场地超静孔压累积最小,因此地下结构转动最小。

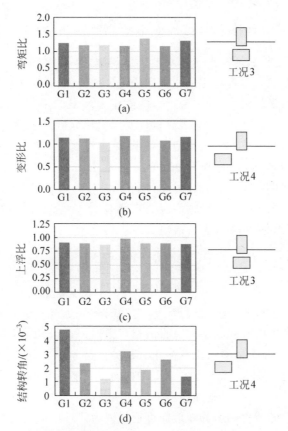

图 5.16　不同地震动作用下影响作用分析指标

（a）弯矩比；（b）变形比；（c）上浮比；（d）结构转角

5.4　考虑地上结构影响作用的地下结构抗震实用分析方法

如前文所述，现行国内外地下结构的抗震设计规范还未能充分考虑邻近地上结构的影响作用，也没有对应的实用分析方法。前文深入研究了邻近地上结构对地下结构地震响应的影响规律及其物理机理和影响因素，基于这些科学认知，本节提出能考虑邻近地上结构影响的实用简化分析方法，以期完善地下结构的抗震设计方法。

5.4.1　地下结构地震内力和变形响应的实用分析方法

前文分析到,邻近地上结构对地下结构地震内力和变形响应影响的原因在于其重力增大了近场土的水平向应力。一方面,在应力增量的作用下,地下结构产生附加内力;另一方面,两侧应力增量的不对称性使地下结构产生附加变形。因此,要建立抗震设计实用简化分析方法,需要合理且简化地描述地上结构造成的近场土应力增量,施加在地下结构之上。

Boussinesq(1885)提出了当竖直方向集中力作用于半无限空间弹性体表面时,空间域内任意点应力的解析解。对于地上结构重力作用产生的土层应力,只需要将基础底部竖直向压应力对应的应力解析解在基础范围内做积分,便可得到地上结构重力作用下土层的附加应力分布,其结果为

$$\sigma_x = \frac{3P}{2\pi} \cdot \left\{ \frac{x^2 z}{R^5} + \frac{1-2\nu}{3} \left[\frac{1}{R(R+z)} - \frac{(2R+z)x^2}{(R+z)^2 R^3} - \frac{z}{R^3} \right] \right\} \quad (5.1)$$

其中,σ_x 为土体水平向应力增量;P 为基础底部竖直向压应力;x 和 z 分别为土体与基础中心的水平和竖直向相对距离;R 为土体与基础中心的空间相对距离;ν 为土体泊松比。简化分析方法的示意图如图 5.17 所示,通过式(5.1)得到地上结构下方的地下结构对应位置土体水平向应力增量的分布,以静分布力的形式施加在地下结构两侧墙上(地下结构底板两端为固支约束),得到的结构内力和变形即可近似视为邻近地上结构引起的地下结构附加地震响应。

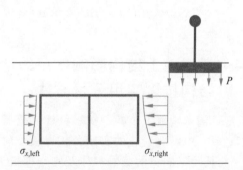

$\sigma_{x,\text{left}}$　　$\sigma_{x,\text{right}}$

图 5.17　考虑地上结构影响的简化分析方法示意图

将简化方法得到的地下结构附加响应与动力分析的计算结果进行对比,论证简化方法的有效性。对于附加内力的计算结果,根据前文分析,当

地上结构位于地下结构的正上方时,对地下结构地震内力响应的影响最显著,因此选择该情况(工况 3 与工况 2 的对比)开展分析。在地上结构重力的作用下,工况 3 中地下结构侧墙对应位置处土体水平向应力增量的分布如图 5.18 所示,由于地下结构位于地上结构的正下方,两侧墙位置处土体的应力分布相同。将分布力施加在地下结构两侧墙上,得到的侧墙附加弯矩分布如图 5.19 所示,与动力分析得到的附加弯矩相比,简化分析方法可以较准确地预测附加弯矩的峰值。二者的分布差异较大,可能是由动力分析和拟静力分析中结构边界条件的差异导致的。尽管如此,若较为保守地在地下结构的抗震设计中增加简化方法所得的附加弯矩峰值,也可使地下结构的截面验算更为合理。

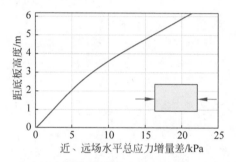

图 5.18　正上方地上结构作用下近、远场水平总应力增量差分布

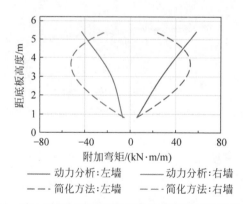

图 5.19　动力分析与简化方法计算所得的地下结构附加弯矩

对于附加变形的计算结果,根据前文分析,当地上结构位于地下结构的侧上方时,对地下结构地震变形响应的影响最显著,因此选择该情况(工况 4 与工况 2 的对比)开展分析。在地上结构重力的作用下,工况 4 中地下结构侧墙对应位置处土体的水平向应力增量分布如图 5.20 所示,靠近地上结构一侧(右侧)的土体应力明显大于远离地上结构一侧(左侧)。将分布力施加在地下结构两侧墙上,得到的结构附加变形(用顶底板位移差表征)分布如图 5.21 所示。与动力分析得到的附加变形相比,简化分析方法可以较准确地预测附加变形的峰值和分布,且预测较为保守。若在地下结构的抗震设计中增加简化方法所得的附加变形峰值,也可使地下结构的变形验算更为合理。

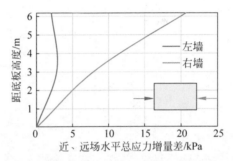

图 5.20　侧上方地上结构作用下近、远场水平总应力增量差分布

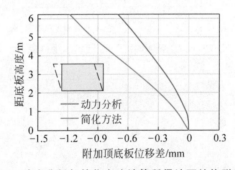

图 5.21　动力分析与简化方法计算所得地下结构附加变形

5.4.2　地下结构地震上浮和转动响应的实用分析方法

由前文得到,邻近地上结构由于其重力会对可液化土层中地下结构的地震上浮响应产生抑制,这对地下结构抗震是有利的,因此在抗震设计中可不考虑其影响。与此相比更为关键的是,位于侧上方的地上结构会使地下结构受到上部不对称的压力作用,从而伴随上浮产生转动响应,这种不利作用需要在地下结构抗震设计中予以重视,本节将介绍考虑地上结构对地下结构转动响应影响的实用简化分析方法。

如前所述,地下结构的转动响应与土层响应、输入地震动特性密切相关,难以像 5.4.1 节对内力和变形的分析那样,通过简化的拟静力方法预测地下结构的转动响应。因此,对于邻近地上结构对地下结构转动响应的影响,在此提出一种确定邻近地上结构最不利位置的实用分析方法。

如图 5.9 所示,在地上结构的重力作用下,侧下方地下结构顶板两侧对应位置处土体的初始竖直向总应力增量(σ_{left} 和 σ_{right})不相等,这种不对称的压力使地下结构在地震上浮过程中发生转动。选择单一地上结构的分析工况(工况 1)中,在自重应力场下,地下结构顶板两侧对应位置处土体的竖直向总应力增量 σ_{left} 和 σ_{right} 的差值(应力差)作为分析指标。图 5.22 给出了地下结构转角和应力差这两个物理量与地下结构和地上结构间水平向相对距离的关系,可见地下结构转角和应力差的变化规律和峰值位置均相近,因此应力差这一指标可以近似作为预测地下结构转动响应的分析指标。在地下结构的抗震设计中,对于确定的地下结构和地上结构,只对单一地上结构情况下的土层应力场进行分析,就可近似得到地下结构最大转动所对应的邻近结构间水平向相对距离,在抗震设计中只需要对这种最不利工况进行验算,就可合理地对设计过程进行简化。

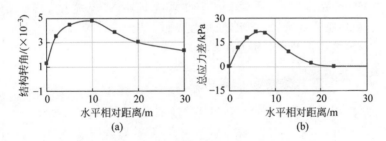

图 5.22　结构转角与土体应力差

(a) 不同邻近结构水平相对距离下的地下结构转角;

(b) 不同邻近结构水平相对距离下地下结构顶板两侧对应位置处的土体竖直向总应力差

第6章 北京城市副中心站综合
交通枢纽工程抗震分析

前文针对可液化土层中单一地下结构和地下结构-邻近地上结构系统开展了深入研究,得到了新的科学认知。本章将对北京城市副中心站综合交通枢纽工程开展抗震分析,将本书研究成果应用于地下结构抗震实践,并论证研究成果的实用性。

6.1 工程概况

本节将介绍本书的工程案例——北京城市副中心站综合交通枢纽的主要信息,包括工程背景、抗震问题、场地条件、结构设计等,以及本书抗震设计研究中的数值模型和分析方法等。

6.1.1 工程基本信息和抗震问题

北京城市副中心站综合交通枢纽位于北京市通州区,如图 6.1 所示,工程面积约 $61hm^2$,是京唐铁路、京滨铁路、城际铁路联络线等交通线路的重要车站,《北京城市总体规划(2016—2035 年)》将其列为北京市 10 个全国重点交通枢纽之一,建成后将成为北京城市副中心的重要交通门户(李博,2019;李翔宇 等,2020)。

该枢纽工程的主体为地下结构,目前处于抗震设计论证阶段,有以下典型工程特征:①地下结构规模庞大,地下建筑面积达 128 万 m^2;②所处场地地下水位线高,且分布有大量可液化土层,结构-土体的动力相互作用复杂;③枢纽工程紧邻地上商业区,其中不乏高层建筑,对地下结构的抗震性能有显著影响,抗震设计中需做专门论证。复杂的结构系统和场地条件为本工程的抗震设计带来诸多难题,且其抗震问题与本书研究十分契合,可作为重要落脚点,为本书的理论研究成果提供工程实践应用的出口。

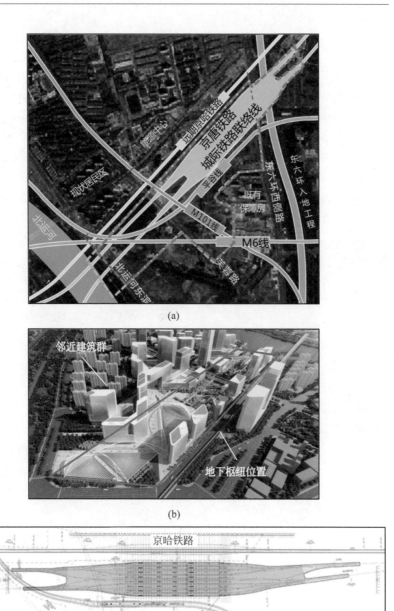

图 6.1　北京城市副中心站综合交通枢纽工程图

（a）枢纽布置图；（b）工程效果图；（c）工程平面图

6.1.2　场地土层条件

　　根据工程场地地震安全性评价报告和岩土工程勘察报告给出的资料,场地分层和土性特征如表 6.1 所示。经勘察,工程场地为Ⅲ类场地,覆盖层厚度为 93.7m,地下水位线深度为 8.2m,场地分布有大量砂土和粉土层,经判定存在地震液化风险,且该地区地震活动性较强,历史地震资料丰富(如 1679 年三河—平谷 8.0 级地震、1976 年唐山 7.8 级地震等),需要重点考虑工程的抗震安全性。对工程场地勘测孔取得的原状土样开展了动力试验,测定了各土层的静动力学参数,场地共有 8 类土层,分布如表 6.1 所示(No.1~No.8)。

表 6.1　场地分层与土性

层底深度/m	层厚/m	土性	土类标号
3.7	3.7	素填土	No.1
5.5	1.8	黏质粉土、砂质粉土	No.2
6.9	1.4	粉质黏土、重粉质黏土	No.5
8.2	1.3	黏质粉土、砂质粉土	No.2
12.5	4.3	细砂、中砂	No.4
18.5	6.0	细砂、中砂	No.4
28.3	9.8	细砂、中砂	No.4
31.1	2.8	重粉质黏土、粉质黏土	No.6
34.5	3.4	细砂、中砂	No.4
35.5	1.0	重粉质黏土、粉质黏土	No.6
36.4	0.9	细砂、中砂	No.4
41.6	5.2	粉质黏土、重粉质黏土	No.6
48.2	6.6	细砂、中砂	No.4
51.2	3.0	粉质黏土、重粉质黏土	No.6
54.5	3.3	细砂、中砂	No.4
58.4	3.9	粉质黏土、重粉质黏土	No.6
59.1	0.7	黏质粉土、砂质粉土	No.3
70.6	11.5	细砂、中砂	No.4
71.9	1.3	重粉质黏土、粉质黏土	No.6
82.3	10.4	细砂、中砂	No.4
85.8	3.5	粉质黏土、重粉质黏土	No.7
88.0	2.2	黏质粉土、砂质粉土	No.7
89.1	1.1	粉质黏土、重粉质黏土	No.7
90.6	1.5	细砂、中砂	No.4
93.7	3.1	粉质黏土、重粉质黏土	No.8

6.1.3　工程结构设计

本工程的主体地下结构为枢纽站台区,为钢筋混凝土框架结构,结构横截面如图 6.2(c)所示。地下结构的总宽度为 190m,埋深为 30.4m,框架为 4 层 10 跨,从下到上依次为负 3 层、负 2 层、负 1 层、0 层。底板的厚度为 2m,其余层板厚度为 0.6m;外侧两跨每层顶板的梁宽度为 1.2m,高度为 1.7m,其余跨每层顶板的梁宽度为 1.2m,高度为 2m;10 跨的竖直向构件从左到右依次编号为 1~11,两侧墙(构件 1 和构件 11)负 3 层段的厚度为 1.9m,负 2 层段的厚度为 1.4m,负 1 层段和 0 层段的厚度为 0.9m;构件 2 和构件 10 的负 3 层段为墙,厚度为 1.1m,其余层段为柱;构件 3~构件 9 每层段均为柱;结构设计中所有柱均为相同的钢管混凝土柱,外径为 1.4m,钢管壁的厚度为 0.05m,纵向柱间距为 12m,柱底的底板位置都有局部加厚。各构件的截面信息如图 6.2(d)所示,材料参数如表 6.2 所示。板、梁、墙为钢筋混凝土构件,混凝土和钢筋材料分别为 C40 混凝土和 Q345 钢;钢管混凝土柱的混凝土和钢管材料分别为 C60 混凝土和 Q345 钢;结构下方布置有群桩,直径为 1m,材料为 C35 混凝土。

根据枢纽所在地区的城市规划,站台区附近规划建有高层商业建筑,但尚无具体工程设计方案。因此,本书根据工程经验简化设定地上结构模型和参数,以研究邻近地上结构对枢纽主体地下结构抗震安全性的影响。如图 6.2(c)所示,本书邻近地上结构位于地下结构的侧上方,其边界距离地下结构侧墙 30m,地上结构的宽度为 70m,高度为 60m,为 20 层高层建筑,基础深度为 5m,结构主体的材料为 C50 混凝土。

6.1.4　数值模型和分析方法

根据前文结论,本工程为大截面矩形地下结构,结构-土体的动力相互作用分布复杂,须采用弹塑性动力时程分析法开展抗震验算。为分析邻近地上结构对站台区地下结构地震响应的影响,建立了两个数值分析模型,分别为单一地下结构模型和地下结构-邻近地上结构系统的横截面模型,如图 6.2(a)和(b)所示。

数值计算在 OpenSees 有限元程序中开展,根据工程场地条件和结构设计建立了流固耦合有限元动力时程分析的平面应变模型。模型中的土体采用流固耦合四边形单元模拟,并采用前文所述的液化大变形统一本构模

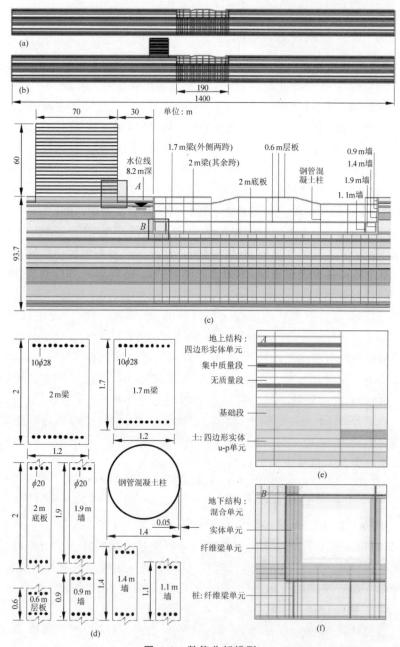

图 6.2　数值分析模型

(a) 单一地下结构工况；(b) 邻近结构系统工况；(c) 模型细部；(d) 地下结构构件截面；

(e) 地上结构模型细部；(f) 地下结构模型细部

表 6.2　材料参数

材　　　料	弹性模量 E/GPa	泊松比 ν
C35 混凝土(桩)	31.5	0.2
C40 混凝土(地下结构：板、梁、墙)	32.5	0.2
C50 混凝土(地上结构)	34.5	0.2
C60 混凝土(地下结构：钢管混凝土柱)	36.0	0.2
Q345 钢	200.0	0.3

型 CycLiqCPSP 模型模拟(Wang et al.,2014),模型参数在已有相关参数研究的基础上修正。其中,弹性模量参数根据工程场地地震安全性评价报告中给出的各土类剪切波速、孔隙比、密度等物性参数确定,塑性模量根据岩土工程勘察报告中给出的各土类剪切模量、阻尼比等物性参数确定,最终确定的 8 类土的 CycLiqCPSP 本构模型参数如表 6.3 所示。

表 6.3　CycLiqCPSP 模型参数

土类标号	G_0	κ	h	$d_{re,1}$	$d_{re,2}$	d_{ir}	α	$\gamma_{d,r}$	n^p	n^d	M	λ_c	e_0	ξ
No. 1	250	0.0064	1	1.25	0.6	30	2.6	20	0.05	2	7.8	0.019	0.934	0.7
No. 2	350	0.005	1.7	1.25	0.6	30	3.2	20	0.05	1.1	7.8	0.019	0.934	0.7
No. 3	397	0.0041	1.9	1.25	0.6	30	0.2	20	0.05	1.1	7.8	0.019	0.934	0.7
No. 4	258	0.006	1.8	1.25	0.6	30	0.8	20	0.05	1.1	7.8	0.019	0.934	0.7
No. 5	270	0.0084	1.8	1.25	0.6	30	0.8	20	0.05	1.1	7.8	0.019	0.934	0.7
No. 6	470	0.0034	1.5	1.25	0.6	30	0.8	20	0.05	1.1	7.8	0.019	0.934	0.7
No. 7	570	0.003	1.7	1.25	0.6	30	0.15	20	0.05	1.1	7.8	0.019	0.934	0.7
No. 8	540	0.003	1.7	1.25	0.6	30	0.15	20	0.05	1.1	7.8	0.019	0.934	0.7

　　地下结构的数值分析模型细部如图 6.2(f)所示。在抗震分析中,采用陈韧韧(2018)提出的纤维梁-实体混合单元建模方法,建立了可考虑各构件截面属性的精细化数值模型,该方法用实体单元反映结构各构件的几何和质量信息,并将构件截面的钢筋和混凝土离散为对应位置处的纤维束,用纤维梁单元反映各构件的截面和材料信息,从而实现对结构的精细化模拟,该方法的有效性已经通过多组材料试验和模型试验得以验证,并应用于地下结构的抗震研究中。地上结构的模型细部如图 6.2(e)所示,由于地上结构并非本工程抗震设计中的研究重点,故对其模拟有较大程度的简化。模型将地上结构视为多自由度振动体系,将每层的质量集中于层顶。群桩采用纤维梁单元模拟。

数值研究中的边界条件和分析步设定与前文的数值分析方法相同。单一地下结构工况的有限元模型共有 9339 个节点和 8726 个单元,邻近结构系统工况的有限元模型共有 9993 个节点和 9286 个单元。地下水位线为自由排水边界,左、右两侧边界为捆绑边界,两侧边界的距离为 1400m,边界到地下结构侧墙的距离是地下结构宽度的 3.2 倍。静力分析步得到初始自重应力场后,在基岩面输入水平方向地震动,土体阻尼取瑞利阻尼。

6.1.5　地震动选用

输入地震动采用了工程场地地震安全性评价报告中给出的人工合成地震动时程来评价基本地震动作用下的结构抗震安全性能,设计基本地震动峰值为 $0.2g$。根据抗震设计规范,取峰值的 0.5 倍为基岩面输入地震动,其加速度时程和反应谱如图 6.3 所示,输入的加速度峰值为 1.11m/s^2。

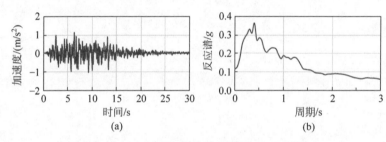

图 6.3　输入地震动的加速度时程和反应谱

(a) 加速度时程;(b) 反应谱

6.2　单一地下结构工况分析

本节针对单一地下结构数值模型,即本工程站台区主体地下结构工况,介绍弹塑性动力时程分析的典型结果,包括土层地震响应、结构地震响应,以及结构-土体的动力相互作用。

6.2.1　土层典型地震响应

远场不同深度处的土层超静孔压时程如图 6.4 所示。超孔静压在不同深度有不同程度的累积,10m 深处(即地下水位线下 1.8m)的最大超静孔压比可达 0.60,可见土层虽未发生大范围地震液化,但会发生明显的地震弱化效应。

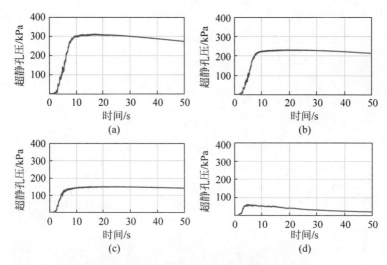

图 6.4　远场不同深度处的超静孔压时程

(a) 90m 深,最大超静孔压比 0.34;(b) 60m 深,最大超静孔压比 0.38;

(c) 30m 深,最大超静孔压比 0.49;(d) 10m 深,最大超静孔压比 0.60

　　远场不同深度处的土层水平加速度时程与峰值分布如图 6.5 所示,可见加速度自下而上有轻微放大,土表的加速度峰值为 $2.27\mathrm{m/s^2}$。

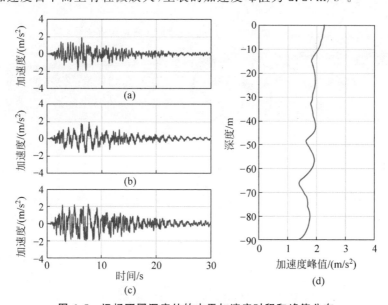

图 6.5　远场不同深度处的水平加速度时程和峰值分布

加速度时程:(a) 60m 深,(b) 30m 深,(c) 土表;(d) 加速度峰值分布

远场不同深度处的土层水平位移时程与峰值分布如图 6.6 所示,可见场地无明显残余位移,土表位移峰值为 0.099m。

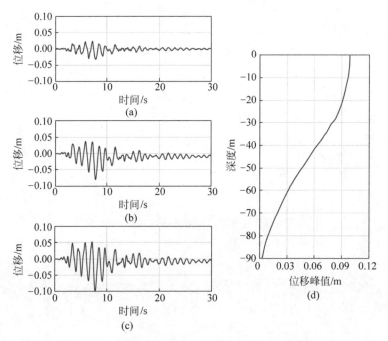

图 6.6 远场不同深度处的水平位移时程与峰值分布
位移时程:(a) 60m 深,(b) 30m 深,(c) 土表;(d) 位移峰值分布

在场地最大变形时刻,远场不同深度处土层动剪切模量的分布如图 6.7 所示,可见浅层土相比深层土地震弱化效应更为明显,动模量由深到浅发生衰减。

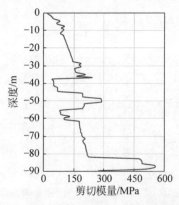

图 6.7 远场不同深度处的动剪切模量分布

6.2.2　地下结构的典型地震响应

在地下结构的抗震设计中,截面抗震验算、抗震变形验算、地震抗浮验算是重要的分析内容,本节将对本工程地下结构依次开展这三个方面的抗震验算。

首先是截面抗震验算。地下结构各构件不同层的最大内力如表 6.4 所示。其中,轴力以受拉为正、剪力以向右为正、弯矩以右侧受拉为正;墙为每延米受力,柱为单根受力。由表 6.4 可见,柱的受力比墙更大,更靠近外侧的构件受力更大;而对于同一构件,下层受力普遍大于上层。将内力与自重荷载作用下的静内力相加,开展构件截面抗压、抗剪、抗弯的承载力验算(基本地震作用下做弹性范围内的承载力验算)。结果表明,各构件均满足承载力要求。两侧墙的负 3 层底部是抗震不利位置,所受最大弯矩接近抗弯承载力。对于中柱,虽然其受力相对墙更大,但由于钢管混凝土柱有相对更大的承载能力,各柱构件也均满足承载力要求。

表 6.4　结构各构件最大内力统计

位置	轴力/kN	剪力/kN	弯矩/(kN·m)	轴力/kN	剪力/kN	弯矩/(kN·m)	轴力/kN	剪力/kN	弯矩/(kN·m)
	1(墙)			2(负 3 层墙,其余柱)			3(柱)		
负 3 层底	−2202	1541	1859	−563	69	771	−391	−341	4113
负 3 层顶	−1217	−1389	1492	−491	111	−581	−550	602	−5499
负 2 层底	−1184	865	958	−4938	−2395	−10 223	−301	−1374	−5912
负 2 层顶	−591	−787	1413	−4724	−917	9040	−321	−448	5055
负 1 层底	−526	281	425	−2703	−2616	−7312	−111	−1206	−2589
负 1 层顶	−127	−227	759	−2535	−1640	8117	−107	−703	4488
0 层底	−130	−77	192	−1085	−740	−1181	−31	1013	2923
0 层顶	−11	−72	331	−971	−414	2840	−25	598	−2649
位置	4(柱)			5(柱)			6(柱)		
负 3 层底	0	−297	−2482	−1719	−206	−2180	−406	239	−2660
负 3 层顶	0	275	−2574	−1591	306	−2258	−283	165	2721
负 2 层底	0	−1057	−4358	−1561	−1039	−4002	−125	−869	−3181
负 2 层顶	0	−259	4024	−1537	−353	4289	−156	−285	3735
负 1 层底	0	−887	−1712	−1527	−84	273	−59	−51	318
负 1 层顶	0	−542	3491						
0 层底	−42	601	2292						
0 层顶	−30	456	−1157	−1440	124	779	−78	98	409

续表

	轴力/kN	剪力/kN	弯矩/(kN·m)	轴力/kN	剪力/kN	弯矩/(kN·m)	轴力/kN	剪力/kN	弯矩/(kN·m)
位置	7(柱)			8(柱)			9(柱)		
负3层底	−1790	283	−3115	0	364	−2914	−292	415	−4825
负3层顶	−1673	−260	3480	0	−265	3855	−366	−630	6329
负2层底	−1667	−712	−2412	0	683	2858	−234	921	4074
负2层顶	−1640	−204	3229	0	202	2585	−231	367	−3277
负1层底	−1647	80	390	0	506	1286	−88	841	2150
负1层顶				0	256	−1659	−86	441	−2769
0层底									
0层顶	−1545	134	−556						
位置	10(负3层墙,其余柱)			11(墙)					
负3层底	−493	−75	−1100	−2316	−1501	−2101			
负3层顶	−412	−132	867	−1349	1327	−1441			
负2层底	−4024	1984	8708	−1313	−934	−1124			
负2层顶	−3836	775	−7250	−685	811	−1274			
负1层底	−1707	2369	6414	−616	−277	−380			
负1层顶	−1595	1636	−7620	−183	257	−879			
0层底	−311	−305	−1607	−184	−117	−358			
0层顶	−228	−210	−1509	−12	−27	−128			

　　其次是抗震变形验算。地下结构各构件不同层的最大层间位移角如表 6.5 所示,可见结构变形的分布规律和内力相似,更靠近外侧的构件变形更大。对于同一构件,下层变形普遍大于上层。根据《地下结构抗震设计标准》(中华人民共和国住房和城乡建设部,2018),此类地下结构的弹性层间位移角限值为 1/1000,可见在本工程的设计方案下,结构各构件基本满足抗震变形的验算要求。

表 6.5　结构各构件不同层的最大层间位移角变形统计

位置	1(墙)	2(负3层墙,其余柱)	3(柱)	4(柱)	5(柱)	6(柱)
负3层	1/1174	1/1282	1/1438	1/1683	1/1556	1/1354
负2层	1/826	1/869	1/931	1/1029	1/1145	1/1271
负1层	1/1159	1/1250	1/1370	1/1569	1/3587	1/4352
0层	1/3883	1/3733	1/3361	1/2800		

位置	7(柱)	8(柱)	9(柱)	10(负3层墙,其余柱)	11(墙)
负3层	1/1200	1/1075	1/975	1/902	1/846
负2层	1/1411	1/1577	1/1516	1/1370	1/1271
负1层		1/2862	1/2398	1/2087	1/1854
0层	1/5446			1/1836	1/1927

　　最后是地震抗浮验算。远场土表和地下结构底板两侧的竖直向位移时程如图 6.8 所示,可见场地在地震过程中发生沉降,远场土表的最大沉降为0.022m,地下结构发生上浮,最大上浮为 0.028m,上浮量较小,可见工程设计中的抗拔桩对地下结构起到了较好的抗浮作用。此外,地下结构两侧的上浮量接近,在地震过程中保持水平状态,这也和前文对单一地下结构地震响应的分析结论一致。

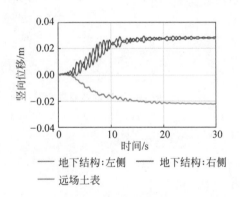

图 6.8　远场土表和地下结构两侧的竖直向位移时程

　　给出不同位置处桩的地震响应:左 1 桩(边桩)、左 7 桩、左 13 桩(中桩)的剪力和弯矩时程如图 6.9 所示,可见不同位置处桩的地震响应也有明显差异,位于外侧的桩的剪力和弯矩均最大,桩的位置越靠近内侧,剪力和弯矩越小,这也与可液化土层中群桩地震响应的相关研究(刘星,2018)结论一致。

6.2.3　土与结构动力相互作用时空分布

　　本工程由于土层条件复杂、结构规模巨大,结构-土体的动力相互作用

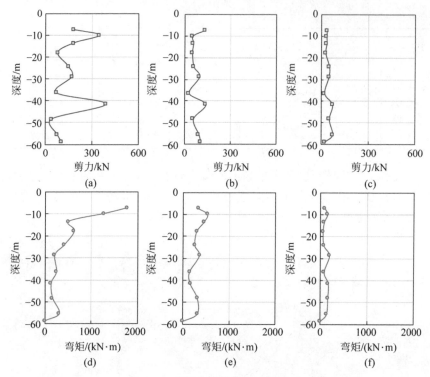

图 6.9　典型位置桩基础地震响应

剪力峰值分布:(a)左1桩(边桩),(b)左7桩,(c)左13桩(中桩);

弯矩峰值分布:(d)左1桩(边桩),(e)左7桩,(f)左13桩(中桩)

分布也较为复杂,对地下结构的地震响应有显著影响,是地下结构抗震设计中分析的关键因素。

由第3章分析得到,可液化土层与地下结构的动力相互作用有明显的时空分布变异性,是其与非液化土层的显著差异,本节也着重分析本工程中这种动力相互作用的时空分布变异性。图6.10给出了地下结构向左、右两个方向发生最大剪切变形时左、右两墙的弯矩分布,可见地下结构地震内力的分布有明显的变异性,当结构剪切变形向左时,左墙弯矩更大;反之,右墙弯矩更大,这与第3章的分析结论一致。

进一步对比分析结构-土体动力相互作用的空间分布,图6.11和图6.12给出了地下结构向左、右两个方向发生最大剪切变形时两侧墙所受土体剪应力增量和水平向总压应力增量的分布,可见明显的空间分布变异性。当结构剪切变形向左时,左墙的受力大于右墙;反之,右墙的受力大于左墙。

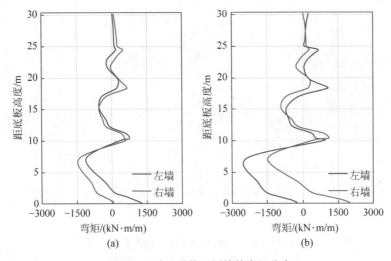

图 6.10　地下结构两侧墙的弯矩分布

(a) 最大向右变形时刻 4.52s；(b) 最大向左变形时刻 7.73s

对比两时刻的作用力分布可见,最大向左变形时刻发生在最大向右变形时刻之后,由于场地超静孔压累积更多,土层弱化效应更明显,动力相互作用的变异性也更强,这些现象与第 3 章的分析结论一致。相比前文可见,对于本工程中的地下结构,由于其规模更大,空间效应更明显,结构-土体动力相互作用的时空分布变异性也更强。

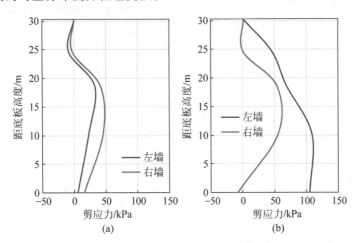

图 6.11　地下结构两侧墙所受剪应力分布

(a) 最大向右变形时刻 4.52s；(b) 最大向左变形时刻 7.73s

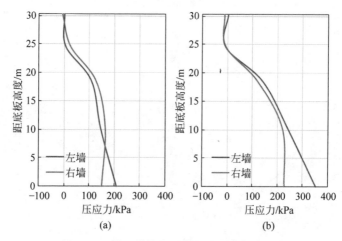

图 6.12　地下结构两侧墙所受总压应力分布

（a）最大向右变形时刻 4.52s；（b）最大向左变形时刻 7.73s

6.3　地下结构-邻近地上结构系统工况分析

本节针对地下结构-邻近地上结构系统数值模型,即本工程站台区主体地下结构和邻近商业区地上结构系统工况,介绍弹塑性动力时程分析的典型结果,分析地上结构对地下结构地震响应的影响,以及抗震设计中的考虑。

6.3.1　邻近地上结构对地下结构地震响应的影响作用

依次分析本工程邻近地上结构对地下结构地震内力、变形、上浮响应的影响。对于地下结构的地震内力响应,根据前文的分析,两侧墙底部是抗震不利位置,承受较大的弯矩。因此,以两侧墙负 3 层底部为例,对比单一地下结构工况和邻近结构系统工况中的弯矩响应,这两个位置处的弯矩时程如图 6.13 所示(弯矩以右侧受拉为正)。可见位于地下结构左侧上方的邻近地上结构会明显放大地下结构左墙的弯矩,使其产生内侧受拉的附加弯矩,峰值增大 44.8%(在单一地下结构工况中,弯矩的峰值为 1859.4kN·m/m;在邻近结构系统工况中,弯矩的峰值为 2693.3kN·m/m),而地上结构对距离较远的地下结构右墙弯矩的影响较弱。这与第 5 章的分析结论一致,位于左侧上方的地上结构增大了其下方近场土的水平向总应力增量,进而对地下结构左侧墙产生侧向压力,使其产生明显的附加弯矩;同时,其对距离较远的地下结构右侧土体的应力分布影响微弱,因此对地下结构右侧墙内力的改变较小。

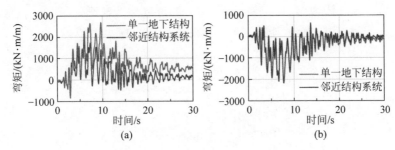

图 6.13　有、无邻近地上结构工况下地下结构的弯矩时程

(a) 左墙负 3 层底;(b) 右墙负 3 层底

对于地下结构的地震变形响应,以中柱为例,在单一地下结构工况和邻近结构系统工况中,中柱顶底板的水平位移差时程如图 6.14 所示,可见位于地下结构左侧上方的邻近地上结构会明显放大地下结构的地震变形,使其产生指向远离地上结构一侧,即右侧的附加变形,水平位移差的峰值增大 29.1%(单一地下结构工况中,水平位移差的峰值为 8.6mm,邻近结构系统工况中,水平位移差的峰值为 11.1mm)。这与第 5 章的分析结论一致,位于左侧上方的地上结构改变了其下方近场土的水平向总应力增量,距离地上结构更近的地下结构左侧近场土的应力增量大于距离更远的右侧近场土,从而使得地下结构左侧受到更大的侧向压力,这种非对称作用使得地下结构产生指向右侧的附加变形。

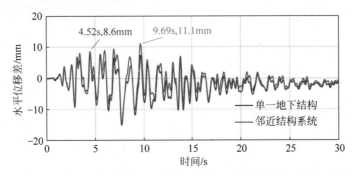

图 6.14　有、无邻近地上结构工况下地下结构中柱顶底板的水平位移差时程

对于地下结构的地震上浮响应,图6.15给出了邻近结构系统工况中,远场土表和地下结构底板两侧的竖直向位移时程,对比图6.8可得,位于地下结构左侧上方的邻近地上结构使得地下结构在上浮的过程中发生指向地上结构一侧的转动响应,左侧上浮量(0.025m)小于右侧(0.032m)。这是侧上方地上结构改变了其下方近场土的竖直向总应力造成的,也与第5章的分析结论一致。

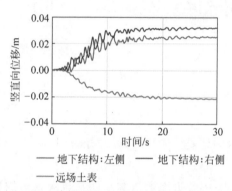

图6.15　远场土表和地下结构底板两侧的竖直向位移时程

6.3.2　考虑邻近地上结构影响的地下结构抗震设计

本节利用第5章提出的可考虑邻近地上结构影响的地下结构抗震设计实用分析方法,在本工程站台区主体地下结构的抗震设计中,对邻近地上结构的影响予以考虑。

地上结构会增大其下方近场土体的水平向总应力,通过式(5.1)计算得到地下结构两侧墙对应位置处土体水平向总应力增量的分布,如图6.16所示。由于地下结构右侧土体距离地上结构较远,根据计算,其应力分布改变微弱,故未反映在图中。将此水平向应力增量以静分布力的形式施加在地下结构两侧,近似预测侧上方地上结构造成的地下结构附加内力和变形响应。该简化分析方法和动力时程分析方法计算得到的结构左侧墙各层底部的附加弯矩、结构中柱相对底板的水平位移差的分布分别如图6.17和图6.18所示。对比可得,简化方法可以合理预测地下结构的附加弯矩和变形响应峰值,再次验证了该简化分析方法的有效性。在补充考虑这些附加地震响应后,可对地下结构的抗震设计做出合理有效的补充。

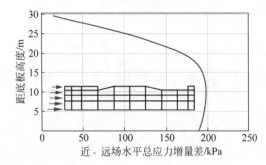

图 6.16　地上结构作用下近、远场水平总应力增量差分布

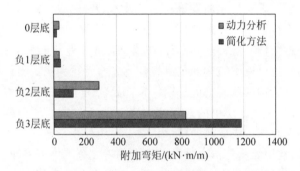

图 6.17　动力分析与简化方法计算所得地下结构附加弯矩

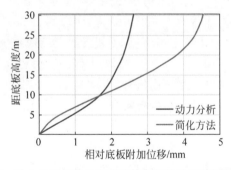

图 6.18　动力分析与简化方法计算所得的地下结构附加变形

第7章 结 论

　　城市地下空间的开发利用是城镇化发展的重要趋势,震害资料表明,可液化土层中的地下结构易发生严重的地震灾害,是地下结构抗震设计中的控制性工况。随着城镇化的发展和建造技术的提高,一方面,在城市地下空间的开发利用进程中不可避免地会造成地下结构毗邻地上结构的现象,形成复杂的邻近结构系统;另一方面,在建筑行业工业化的发展趋势下,装配式地下结构兴建对地下结构的抗震设计与安全评价提出了新的挑战。可液化土层中地下结构的地震响应长期以来都是岩土工程抗震领域的重要研究课题,但针对可液化土层中的地下结构-邻近地上结构系统和装配式地下结构的地震响应尚未形成成熟的科学认知。国内外现行地下结构抗震设计规范中的常用、实用简化分析方法在原理上均未充分考虑可液化土层中结构-土体的动力相互作用机理,各设计规范均未界定各种分析方法的适用范围,均未从机理上系统解释各方法的适用性;且既有实用分析方法均未考虑邻近地上结构的影响,也没有考虑邻近结构影响的实用抗震设计分析方法。

　　本书针对可液化土层中地下结构-邻近地上结构系统的抗震问题开展了深入研究,揭示了可液化土层中结构-土体的动力相互作用与地下结构-土体-地上结构的动力相互作用机理,以及地下结构-邻近地上结构系统的地震响应规律,发展了地下结构抗震分析和实用设计方法,并将研究成果应用于地下工程抗震实践。

　　本书主要取得了以下结论与创新性成果。

　　(1)揭示了可液化土层中结构-土体动力相互作用时空分布变异性及其物理机理。①发现位于可液化土层中的地下结构在地震过程中不仅会受到土体剪切变形造成的推覆作用,也会受到土层超静孔压累积造成的侧向压力作用,这是结构-土体动力相互作用的时间分布变异性,会显著影响地下结构的地震响应。②发现在可液化土层中,地下结构和土体刚度差异引起的不协调的相对变形,以及土体地震弱化造成的地下结构局部变形,会造成结构-土体动力相互作用的空间分布变异性;这种空间分布变异性和结构形状密切相关。在同尺度下,矩形截面结构工况中的变异性大于圆形截面结构工况。对于矩形截面结构,高宽比越小,变异性越强。

(2) 揭示了可液化土层中邻近地上结构对地下结构地震响应的影响规律及其物理机理,并论证了影响因素。发现邻近地上结构由于改变了近场土的应力分布,会显著影响地下结构的地震响应。邻近地上结构会放大地下结构的地震内力,抑制地下结构的地震上浮。当地上结构位于侧上方时,会放大地下结构的地震变形,并会使其在上浮过程中发生转动。阐明了邻近结构间相对位置、地上结构静动力特征、输入地震动等因素的影响,发现随着水平向相对距离的增大,地上结构对地下结构地震内力和上浮的影响减弱。在某一水平向相对距离下,地上结构对地下结构地震变形和转动的放大作用最强。随着地下结构埋深的减小和地上结构质量的增大,地上结构对地下结构地震内力、变形、上浮、转动的影响均增强。输入地震动会显著影响地上结构对地下结构地震转动的影响。

(3) 提出了可液化土层中地下结构-邻近地上结构系统的抗震设计实用分析方法。对于邻近结构系统,可首先开展单一地下结构的初步抗震设计,再通过简化方法考虑邻近地上结构的附加作用。对于单一地下结构,发现在可液化土层中,现行地下结构抗震设计中的常用简化分析方法均失效,会普遍低估地下结构的地震响应。其中,对于圆形截面地下结构,既有分析方法不能考虑动力相互作用的时间分布变异性,是其失效的主因,通过向结构施加自由场分析所得的土层水平向总应力增量,可从机理上对既有方法做出改进;对于矩形截面地下结构,既有分析方法不能考虑动力相互作用的空间分布变异性,是其失效的主因,且难以通过自由场分析预测这种变异性,进而论证了合理的抗震设计分析应采用弹塑性动力时程分析法。进一步,提出了一种实用简化分析方法,以考虑邻近地上结构的影响。①将地上结构下方地下结构两侧墙对应位置处的土体水平向应力增量以静分布力的形式施加在地下结构上,可近似预测地上结构造成的地下结构附加地震内力和变形响应峰值,但对附加地震响应分布的预测误差不可避免;②通过分析地上结构下方地下结构顶板两侧对应位置处的土体竖直向应力差的峰值位置,可近似预测地下结构最大地震转动响应对应的地上结构最不利位置,进而完善地下结构的抗震设计分析方法。

(4) 提出了一种装配式地下结构的实用精细化分析模型与分析方法。制备了可精细模拟接头构造的装配式地下结构物理缩尺模型,并开展了可液化土层中装配式地下结构的离心机振动台动力模型试验。建立了装配式地下结构的二维、三维实用精细化数值模拟方法,并通过静动力试验初步验证了该方法的有效性。该方法可以精细模拟接缝张开量和连接螺栓的应力、应变等接头关键物理量,且建模引入的零长度连接单元组简单、实用,有较高的计算效率。通过物理试验与数值模拟,阐明了可液化土层中装配式地下结构的典型地震响应特征,发现接头是装配式地下结构的抗震不利位置,也会重新分配地下结构的地震变形和内力响应。

参 考 文 献

ABATE G, MASSIMINO M R, 2017. Parametric analysis of the seismic response of coupled tunnel-soil-aboveground building systems by numerical modelling [J]. Bulletin of Earthquake Engineering, 15(1): 443-467.

ADALIER K, ABDOUN T, DOBRY R, et al, 2003. Centrifuge modelling for seismic retrofit design of an immersed tube tunnel [J]. International Journal of Physical Modelling in Geotechnics, 3(2): 23-35.

AFPS/AFTES, 2001. Guidelines on earthquake design and protection of underground structures[S]. Working Group of the French Association for Seismic Engineering (AFPS) and French Tunneling Association (AFTES) Version 1.

ARIAS A, 1970. Measure of earthquake intensity[J]. Seismic Design for Nuclear Power Plants: 438-483.

ARULMOLI K MURALEETHARAN K K, HOSSAIN M M, et al. , 1992. VELACS: Verification of liquefaction analyses by centrifuge studies, laboratory testing program: Soil data report[R].

AZADI M, HOSSEINI S M M M, 2010. Analyses of the effect of seismic behavior of shallow tunnels in liquefiable grounds [J]. Tunnelling and Underground Space Technology, 25(5): 543-552.

AZADI M, HOSSEINI S M M M, 2007. The impact of underground tunnel excavation on adjacent buildings during earthquake case study: Shiraz Underground, Iran [J]. Electronic Journal of Geotechnical Engineering, 12: 1-10.

BAO X, XIA Z, YE G, et al, 2017. Numerical analysis on the seismic behavior of a large metro subway tunnel in liquefiable ground[J]. Tunnelling and Underground Space Technology, 66: 91-106.

BARRERO A R, TAIEBAT M, DAFALIAS Y F, 2019. Modeling cyclic shearing of sands in the semifluidized state [J]. International Journal for Numerical and Analytical Methods in Geomechanics, 44(6): 371-388.

BOULANGER R W, KUTTER B L, BRANDENBERG S J, et al, 2003. Pile foundations in liquefied and laterally spreading ground during earthquakes: Centrifuge experiments and analyses[J]. Liquefaction.

BOULANGER R W, ZIOTOPOULOU K, 2013. Formulation of a sand plasticity plane-strain model for earthquake engineering applications [J]. Soil Dynamics and

Earthquake Engineering,53: 254-267.

BOUSSINESQ J, 1885. Application des Potentiels á l'Etude de l'Equilibre et du Mouvement des Solides Elastiques[M]. Paris: Gauthier-Villars.

CHEN G,CHEN S,QI C,et al,2015. Shaking table tests on a three-arch type subway station structure in a liquefiable soil[J]. Bulletin of Earthquake Engineering,13(6): 1675-1701.

CHEN G, WANG Z, ZUO X, et al, 2013. Shaking table test on the seismic failure characteristics of a subway station structure on liquefiable ground[J]. Earthquake Engineering and Structural Dynamics,42(10): 1489-1507.

CHEN R,TAIEBAT M,WANG R,et al,2018. Effects of layered liquefiable deposits on the seismic response of an underground structure[J]. Soil Dynamics and Earthquake Engineering,113: 124-135.

CHEN S,TANG B,ZHAO K,et al,2020. Seismic response of irregular underground structures under adverse soil conditions using shaking table tests[J]. Tunnelling and Underground Space Technology,95(1): 103145.

CHEN S, WANG X, ZHUANG H, et al, 2019. Seismic response and damage of underground subway station in a slightly sloping liquefiable site[J]. Bulletin of Earthquake Engineering,(11): 5963-5985.

CHIAN S C,MADABHUSHI S P G,2012. Effect of buried depth and diameter on uplift of underground structures in liquefied soils[J]. Soil Dynamics and Earthquake Engineering,41: 181-190.

CLOUGH G W,DUNCAN J M,1971. Finite element analyses of retaining wall behavior [J]. Journal of Soil Mechanics and Foundation Engineering,97(12): 1657-1673.

DAFALIAS Y F,MANZARI M T,2004. Simple plasticity sand model accounting for fabric change effects[J]. Journal of Engineering mechanics,130(6): 622-634.

DASHTI S, HASHASH Y M A, GILLIS K, et al, 2016. Development of dynamic centrifuge models of underground structures near tall buildings[J]. Soil Dynamics and Earthquake Engineering,86: 89-105.

EAK 2000,2003. Greek code for Seismic Resistant Structures-EAK2000[S]. Organization for Earthquake Resistant Planning and Protection, Ministry of Environment Planning and Public Works.

ELNASHAI A S, GENCTURK B, KWON O S, et al, 2010. The Maule (Chile) earthquake of February 27,2010: Consequence assessment and case studies[J]. MAE Center Report: No. 10-04.

ERDIK M,2001. Report on 1999 Kocaeli and Duzce (Turkey) earthquakes,in structural control for civil and infrastructure engineering[M]. Singapore City: World Scientific.

FHWA (Federal Highway Administration), 2009. Technical manual for design and construction of road tunnels-Civil elements[J]. Publication No. FHWA-NHI-10-

034，Department of Transportation.

FUENTES W，WICHTMANN T，GIL M，et al，2019. ISA-Hypoplasticity accounting for cyclic mobility effects for liquefaction analysis[J]. Acta Geotechnica，10：1-19.

GONG C，DING W，SOGA K，et al，2019. Failure mechanism of joint waterproofing in precast segmental tunnel linings[J]. Tunnelling and Underground Space Technology，84(2)：334-352.

GUO J，CHEN J，BOBET A，2013. Influence of a subway station on the inter-story drift ratio of adjacent surface structures [J]. Tunnelling and Underground Space Technology，35(4)：8-19.

HAMADA M，ISOYAMA R，WAKAMATSU K，1996. Liquefaction-induced ground displacement and its related damage to lifeline facilities[J]. Soils and Foundations，36(Special)：81-97.

HAMADA M，YASUDA S，ISOYAMA R，et al，1986. Study on Liquefaction induced permanent ground displacements [J]. Association for the Development of Earthquake Prediction.

HASHASH Y M A，DASHTI S，MUSGROVE M，et al，2018. Influence of tall buildings on seismic response of shallow underground structures[J]. Journal of Geotechnical and Geoenvironmental Engineering，144(12)：04018097.

HASHASH Y M A，KARINA K，KOUTSOFTAS D，et al，2015. Seismic design considerations for underground box structures[J]. Geotechnical Special Publication：384.

HASHASH Y M，HOOK J J，SCHMIDT B，et al，2001. Seismic design and analysis of underground structures[J]. Tunnelling and Underground Space Technology，16(4)：247-293.

HE B，ZHANG J M，LI W，et al，2020. Numerical analysis of LEAP centrifuge tests on sloping liquefiable ground：Influence of dilatancy and post-liquefaction shear deformation[J]. Soil Dynamics and Earthquake Engineering，137：106288.

IIDA H，HIROTO T，YOSHIDA N，et al，1996. Damage to Daikai subway station[J]. Soils and Foundations，36(S)：283-300.

ISO 23469，2005. Bases for design of structures-seismic actions for designing geotechnical works[S]. ISO International Standard.

IWATATE T，KOBAYASHI Y，KUSU H，et al，2000. Investigation and shaking table tests of subway structures of the Hyogoken-Nanbu earthquake[J]. New Zealand Society for Earthquake Engineering：1-8.

JAPAN TUNNELING ASSOCIATION，1988. ITA-Working Group Research [R]. [S. l. ；s. n.]：1-26.

JOGHATAIE A，DIZAJI M S，2012. Transforming results from model to prototype of concrete gravity dams using neural networks[J]. Journal of Engineering Mechanics，

137(7)：484-496.

KAISER A,HOLDEN C,BEAVAN J,et al,2012. The Mw 6. 2 Christchurch earthquake of February 2011： Preliminary report［J］. New Zealand Journal of Geology and Geophysics,55(1)：67-90.

KAWASHIMA K,1994. Seismic design of underground structures［M］. Tokyo：Kajima Institute Publishing.

KOSEKI J,MATSUO O,KOGA Y,1997. Uplift behavior of underground structures caused by liquefaction of surrounding soil during earthquake［J］. Soils and Foundations,37(1)：97-108.

KUTTER B L,CHEN Y,SHEN C K,1994. Triaxial and Torsional Shear Test Results for Sand［J］. Department of Civil Engineering,6：195.

LI S,ZUO Z,ZHAI C,et al,2017. Comparison of static pushover and dynamic analyses using RC building shaking table experiment［J］. Engineering Structures,136(4)：430-440.

LING H I,MOHRI Y,KAWABATA T,et al,2003. Centrifugal modeling of seismic behavior of large-diameter pipe in liquefiable soil［J］. Journal of Geotechnical and Geoenvironmental Engineering,129(12)：1092-1101.

LIU H Y, ABELL J A, DIAMBRA A, et al, 2019. Capturing cyclic mobility and preloading effects in sand using a memory-surface hardening model［C］. Proceedings of 7th International Conference on Earthquake Geotechnical Engineering (7ICEGE)：17-20.

LIU H,SONG E,2005. Seismic response of large underground structures in liquefiable soils subjected to horizontal and vertical earthquake excitations［J］. Computers and Geotechnics,32(4)：223-244.

LIU H,ZHANG J M,ZHANG X,et al,2020. Seismic performance of block-type quay walls with liquefiable calcareous sand backfill［J］. Soil Dynamics and Earthquake Engineering,132：106092.

LIU X,WANG R,ZHANG J M,2018. Centrifuge shaking table tests on 4×4 pile groups in liquefiable ground［J］. Acta Geotechnica,13(6)：1405-1418.

LOU M,WANG H,CHEN X,et al,2011. Structure-soil-structure interaction：Literature review［J］. Soil Dynamics and Earthquake Engineering,31(12)：1724-1731.

LUBKOWSKI Z, DUAN X, 2003. EN1998 Eurocode 8： Design of Structures for earthquake resistence［S］. Brussel：European Commission.

MADABHUSHI S S C, MADABHUSHI S P G, 2015. Finite element analysis of floatation of rectangular tunnels following earthquake induced liquefaction［J］. Indian Geotechnical Journal,45(3)：233-242.

MADDALUNO L, STANZIONE C, NAPPA. V, et al, 2019. A numerical study on tunnel-building interaction in liquefiable soil［M］. Boca Raton：CRC Press.

MCKENNA F,FENVES G L,2001. OpenSees manual (PEER Center)［CP］. http://

OpenSees. berkeley. edu.

MIRANDA G, NAPPA V, BILOTTA E, 2020. Preliminary numerical simulation of centrifuge tests on tunnel-building interaction in liquefiable soil[J]. Geotechnical Research for Land Protection and Development: 583-591.

NAVARRO C, 1992. Effect of adjoining structures on seismic response of tunnels[J]. International Journal for Numerical and Analytical Methods in Geomechanics, 16 (11): 797-814.

ORENSE R P, MORIMOTO I, YAMAMOTO Y, et al, 2003. Study on wall-type gravel drains as liquefaction countermeasure for underground structures[J]. Soil Dynamics and Earthquake Engineering, 23(1): 19-39.

PASTOR M, ZIENKIEWICZ O C, CHAN A H C, 1990. Generalized plasticity and the modelling of soil behaviour[J]. International Journal for Numerical and Analytical Methods in Geomechanics, 14(3): 151-190.

PENZIEN J, WU C L, 1998. Stresses in linings of bored tunnels [J]. Earthquake Engineering and Structural Dynamics, 27(3): 283-300.

PITILAKIS K, TSINIDIS G, LEANZA A, et al, 2014. Seismic behaviour of circular tunnels accounting for above ground structures interaction effects[J]. Soil Dynamics and Earthquake Engineering, 67: 1-15.

PITILAKIS K, TSINIDIS G, 2014. Performance and seismic design of underground structures[J]. Earthquake Geotechnical Engineering Design: 279-340.

SAEEDZADEH R, HATAF N, 2011. Uplift response of buried pipelines in saturated sand deposit under earthquake loading [J]. Soil Dynamics and Earthquake Engineering, 31(10): 1378-1384.

SAMATA S, OHUCHI H, MATSUDA T, 1997. A study of the damage of subway structures during the 1995 Hanshin-Awaji earthquake[J]. Cement and Concrete Composites, 19(3): 223-239.

SASAKI T, TAMURA K, 2004. Prediction of liquefaction-induced uplift displacement of underground structures[J]. 191-198.

SASAKI Y, TANIGUCHI E, 1982. Shaking table tests on gravel drains to prevent liquefaction of sand deposits[J]. Soils and Foundations, 22(3): 1-14.

SEED B, LEE K L, 1966. Liquefaction of saturated sands during cyclic loading[J]. Journal of Soil Mechanics and Foundation Engineering, 92(6): 105-134.

SEISMOSOFT. SeismoSignal[CP]. 2018-04-01.

SHAMOTO Y, ZHANG J M, GOTO S, 1997. Mechanism of large post-liquefaction deformation in saturated sands[J]. Soils and Foundations, 37(2): 71-80.

SHAMOTO Y, ZHANG J M, 1998. Evaluation of seismic settlement potential in sand deposits based on concept of relative compression [J]. Journal of Soils and Foundations, 38(S2): 57-68.

ST JOHN C M,ZAHRAH T F,1987. Aseismic design of underground structures[J]. Tunnelling and Underground Space Technology,2(2): 165-197.

TASIOPOULOU P, GEROLYMOS N, 2016. Constitutive modeling of sand: Formulation of a new plasticity approach[J]. Soil Dynamics and Earthquake Engineering,82: 205-221.

TOKIMATSU K,TAMURA S,SUZUKI H,et al,2012. Building damage associated with geotechnical problems in the 2011 Tohoku Pacific Earthquake[J]. Soils and Foundations,52(5): 956-974.

TSINIDIS G,DE SILVA F,ANASTASOPOULOS I,et al,2020. Seismic behaviour of tunnels: From experiments to analysis[J]. Tunnelling and Underground Space Technology,99(5): 103334.

TSINIDIS G,2018. Response of urban single and twin circular tunnels subjected to transversal ground seismic shaking [J]. Tunnelling and Underground Space Technology,76(1): 177-193.

UENISHI K,SAKURAI S,2000. Characteristic of the vertical seismic waves associated with the 1995 Hyogo-ken Nanbu (Kobe),Japan earthquake estimated from the failure of the Daikai Underground Station [J]. Earthquake Engineering and Structural Dynamics,29(6): 813-821.

UNUTMAZ B,2014. 3D liquefaction assessment of soils surrounding circular tunnels [J]. Tunnelling and Underground Space Technology,40: 85-94.

WANG G,YUAN M,MIAO Y,ET AL,2018. Experimental study on seismic response of underground tunnel-soil-surface structure interaction system[J]. Tunnelling and Underground Space Technology,76(6): 145-159.

WANG H,LOU M,CHEN X,et al,2013. Structure-soil-structure interaction between underground structure and ground structure[J]. Soil Dynamics and Earthquake Engineering,54: 31-38.

WANG H,LOU M,ZHANG R,2017. Influence of presence of adjacent surface structure on seismic response of underground structure[J]. Soil Dynamics and Earthquake Engineering,100: 131-143.

WANG J N,1993. Seismic design of tunnels: A state-of-the-art approach[M]. New York: Parsons Brinckerhoff.

WANG R,CAO W,ZHANG J M,2019a. Dependency of dilatancy ratio on fabric anisotropy in granular materials [J]. Journal of Engineering Mechanics, 145(10): 04019076.

WANG R,DAFALIAS Y F,FU P,et al,2019b. Fabric evolution and dilatancy within anisotropic critical state theory guided and validated by DEM[J]. International Journal of Solids and Structures: 188-189.

WANG R,FU P,ZHANG J M,2016. Finite element model for piles in liquefiable ground

[J]. Computers and Geotechnics,72: 1-14.

WANG R,FU P,ZHANG J M,et al,2019c. Deformation of granular material under continuous rotation of stress principal axes [J]. International Journal of Geomechanics,19(4): 04019017.

WANG R, FU P, ZHANG J M, et al, 2019d. Fabric characteristics and processes influencing the liquefaction and re-liquefaction of sand [J]. Soil Dynamics and Earthquake Engineering,125(10): 105720.

WANG R,LIU X,ZHANG J M,2017. Numerical analysis of the seismic inertial and kinematic effects on pile bending moment in liquefiable soils[J]. Acta Geotechnica, 12(4): 773-791.

WANG R,ZHANG J M,WANG G,2014. A unified plasticity model for large post-liquefaction shear deformation of sand[J]. Computers and Geotechnics,59: 54-66.

WANG R,2016. Single Piles in Liquefiable Ground: Seismic Response and Numerical Analysis Methods[M]. Berlin: Springer.

WANG Z L,DAFALIAS Y F,SHEN C K,1990. Bounding surface hypoplasticity model for sand[J]. Journal of Engineering Mechanics,116(5): 983-1001.

WU W,BAUER E,KOLYMBAS D,1996. Hypoplastic constitutive model with critical state for granular materials[J]. Mechanics of Materials,23(1): 45-69.

WU W, BAUER E, 1994. A simple hypoplastic constitutive model for sand [J]. International Journal for Numerical and Analytical Methods in Geomechanics, 18(12): 833-862.

YASUDA S,NAGASE H,ITAFUJI S,et al,1995. A study on the mechanism of the floatation of buried pipes due to liquefaction[J]. WIT Transactions on The Built Environment,15.

YE B,NI X,HUANG Y,et al,2018. Unified modeling of soil behaviors before/after flow liquefaction[J]. Computers and Geotechnics,102: 125-135.

YU H,YUAN Y,XU G,et al,2016. Multi-point shaking table test for long tunnels subjected to non-uniform seismic loadings-part Ⅱ: Application to the HZM immersed tunnel[J]. Soil Dynamics and Earthquake Engineering: S0267726116301415.

ZEGHAL M, ELGAMAL A W, ZENG X, et al, 1999. Mechanism of liquefaction response in sand-silt dynamic centrifuge tests[J]. Soil Dynamics and Earthquake Engineering,18(1): 71-85.

ZHANG J M,SHAMOTO Y,TOKIMATSU K,1997. Moving critical and phase-transformation stress state lines of saturated sand during undrained cyclic shear[J]. Soils and Foundations,37(2): 51-59.

ZHANG J M,WANG G,2012. Large post-liquefaction deformation of sand,part Ⅰ: physical mechanism, constitutive description and numerical algorithm [J]. Acta Geotechnica,7(2): 69-113.

ZHANG J M,2000. Reversible and irreversible dilatancy of sand[J]. Chinese Journal of Geotechnical Engineering,1(22): 12-17.

ZHONG Z,SHEN Y,ZHAO M,2020,et al. Seismic fragility assessment of the Daikai subway station in layered soil[J]. Soil Dynamics and Earthquake Engineering, 132: 106044.

ZHUANG H,HU Z,WANG X,et al,2015. Seismic responses of a large underground structure in liquefied soils by FEM numerical modelling[J]. Bulletin of Earthquake Engineering,13(12): 3645-3668.

ZHUANG H,WANG X,MIAO Y,et al,2019. Seismic responses of a subway station and tunnel in a slightly inclined liquefiable ground through shaking table test[J]. Soil Dynamics and Earthquake Engineering,116(1): 371-385.

陈健云,何伟,徐强,等,2012. 地下结构对场地和地表建筑地震响应影响分析[J]. 大连理工大学学报,52(3): 393-398.

陈韧韧,张建民,2015. 地铁地下结构横断面简化抗震设计方法对比[J]. 岩土工程学报,37(S1): 134-141.

陈韧韧,2018. 可液化地层中地下结构地震响应的基本规律与分析方法[D]. 北京:清华大学.

陈文化,张弥,2006. 广州地铁砂土层液化判别[J]. 土木工程学报,(3): 118-122.

杜修力,李洋,许成顺,等,2018. 1995 年日本阪神地震大开地铁车站震害原因及成灾机理分析研究进展[J]. 岩土工程学报,40(2): 223-236.

宫全美,周顺华,方炽华,2000. 南京地铁地基地震液化规范判别的差异分析[J]. 岩土力学,(2): 141-144.

何川,张建刚,苏宗贤,2010. 大断面水下盾构隧道结构力学特性[M]. 北京:科学出版社.

何伟,陈健云,2012. 地表建筑对地下车站结构地震响应的影响[J]. 振动与冲击,31(9): 53-58.

何伟,2011. 地下结构地震响应及其与地表建筑的影响研究[D]. 大连:大连理工大学.

侯瑜京,2006. 土工离心机振动台及其试验技术[J]. 中国水利水电科学研究院学报,4(1): 15-22.

胡章喜,1997. 地下工程非均质地基液化综合判别[J]. 地下工程与隧道,(4): 29-32,37.

黄博,陈云敏,殷建华,等,2000. 控制试样初始剪切模量的动三轴液化试验[J]. 岩土工程学报,(6): 682-685.

蒋清国,2015. 液化地层下地铁工程抗地震液化措施研究[J]. 震灾防御技术,10(1): 95-107.

孔宪京,邹德高,2007. 基于液化后变形分析方法的地下管线上浮反应研究[J]. 岩土工程学报,(8): 1199-1204.

李博,2019. 副中心两大地下工程开工[N]. 北京日报.

李培振,严克非,徐鹏,2014. 地震下考虑群体效应的高层建筑土-结构相互作用研究

[J].土木工程学报,47(S1)：1-5.

李翔宇,单镜祎,崇志国,2020.城市立体化视角下的地下综合交通枢纽换乘体验提升策略研究——以北京城市副中心站综合交通枢纽为例[J].新建筑,(6)：22-26.

刘光磊,宋二祥,刘华北,等,2008.饱和砂土地层中隧道结构动力离心模型试验[J].岩土力学,(8)：2070-2076.

刘晶波,王文晖,赵冬冬,等,2013.地下结构抗震分析的整体式反应位移法[J].岩石力学与工程学报,32(8)：1618-1624.

刘晶波,王文晖,赵冬冬,等,2014.复杂断面地下结构地震反应分析的整体式反应位移法[J].土木工程学报,47(1)：134-142.

刘星,王睿,张建民,2015.液化地基中群桩基础地震响应分析[J].岩土工程学报,37(12)：2326-2331.

刘星,2018.可液化地基中群桩基础震动响应基本规律研究[D].北京：清华大学.

王刚,张建民,2007a.地震液化问题研究进展[J].力学进展,37(4)：575-589.

王刚,张建民,2007b.砂土液化大变形的弹塑性循环本构模型[J].岩土工程学报,1：51-59.

王刚,2005.砂土液化后大变形的物理机制与本构模型研究[D].北京：清华大学.

王国波,王亚西,陈斌,等,2015.隧道-土体-地表结构相互作用体系地震响应影响因素分析[J].岩石力学与工程学报,34(6)：1276-1287.

王国波,袁明智,苗雨,2018.结构-土-结构相互作用体系地震响应研究综述[J].岩土工程学报,40(5)：837-847.

王睿,张建民,2015.可液化地基中单桩基础的三维数值分析方法及应用[J].岩土工程学报,37(11)：1979-1985.

王睿,2014.可液化地基中单桩基础震动规律和计算方法研究[D].北京：清华大学.

小泉淳,2009.盾构隧道的抗震研究及算例[M].北京：中国建筑工业出版社.

杨春宝,2017.近海环境下风电基础振动响应的规律、调控与评价[D].北京：清华大学.

袁野,朱安邦,刘应明,等,2017.高强度开发地区综合管廊规划设计探讨——以深圳前海合作区为例[J].城乡建设,(19)：12-15.

张凤翔,朱合华,傅德明,2004.盾构隧道[M].北京：人民交通出版社.

张海顺,姜忻良,张亚楠,2013.高架桥-地铁站-桩-土复杂结构体系地震反应分析[J].工程力学,30(S1)：53-58.

张建民,王刚,2006.砂土液化后大变形的机理[J].岩土工程学报,(7)：835-840.

张建民,2012.砂土动力学若干基本理论探究[J].岩土工程学报,34(1)：1-50.

张雪东,蔡红,魏迎奇,等,2020.基于动力离心试验的软基尾矿库地震响应研究[J].岩土力学,41(4)：1287-1294,1304.

中国城市轨道交通协会,2020a.2020年中国内地城轨交通线路概况[R].

中国城市轨道交通协会,2020b.城市轨道交通2019年度统计和分析报告[R].

中华人民共和国国家统计局,2020a.中国统计年鉴2020[M].北京：中国统计出版社.

中华人民共和国国家统计局,2020b.中华人民共和国2019年国民经济和社会发展统计公报[R].

中华人民共和国住房和城乡建设部,2017."十三五"装配式建筑行动方案[R].

中华人民共和国住房和城乡建设部,2010. GB 50011—2010 建筑抗震设计规范[S].北京:中国建筑工业出版社.

中华人民共和国住房和城乡建设部,2013. GB 50157—2013 地铁设计规范[S].北京:中国建筑工业出版社.

中华人民共和国住房和城乡建设部,2014. GB 50909—2014 城市轨道交通结构抗震设计规范[S].北京:中国计划出版社.

中华人民共和国住房和城乡建设部,2018. GB 51336—2018 地下结构抗震设计标准[S].北京:中国建筑工业出版社.

中华人民共和国住房和城乡建设部,2016.城市地下空间开发利用"十三五"规划[R].

庄海洋,陈国兴.地铁地下结构抗震[M].北京:科学出版社,2017.

庄海洋,龙慧,陈国兴,等,2012.可液化地基中地铁车站周围场地地震反应分析[J].岩土工程学报,34(1):81-88.

邹德高,孔宪京,2010.液化土中管线抗上浮排水措施数值分析[J].大连理工大学学报,50(3):379-385.

邹佑学,王睿,张建民,2019a.可液化场地碎石桩复合地基地震动力响应分析[J].岩土力学,40(6):2443-2455.

邹佑学,王睿,张建民,2019b.碎石桩加固可液化场地数值模拟与分析[J].工程力学,36(10):152-163.

在学期间完成的相关学术成果

发表的学术论文

[1] **ZHU T**，WANG R，ZHANG J M. Evaluation of various seismic response analysis methods for underground structures in liquefiable ground[J]. Tunnelling and Underground Space Technology，2021，110（4）.（SCI 10. 1016/j. tust. 2020. 103803）

[2] **ZHU T**，WANG R，ZHANG J M. Effect of nearby ground structures on the seismic response of underground structures in saturated sand[J]. Soil Dynamics and Earthquake Engineering，2021，146(7).（SCI 10. 1016/j. soildyn. 2021. 106756）

[3] **ZHU T**，HU J，ZHANG Z T，et al. Centrifuge shaking table tests on precast underground structure-superstructure system in liquefiable ground[J]. Journal of Geotechnical and Geoenvironmental Engineering，2021，147（8）.（SCI 10. 1061/（ASCE）GT. 1943-5606. 0002549）

[4] **朱彤**，王睿，张建民. 盾构隧道在可液化场地中的地震响应分析[J]. 岩土工程学报，2019，41(增刊1)：57-60.（EI 检索，检索号：20194307576038）

[5] **ZHU T**，WANG R，ZHANG J M，et al. Evaluation of seismic response of rectangular underground structures in liquefiable soils[J]. International Conference of the International Association for Computer Methods and Advances in Geomechanics. Springer，Cham，2021：755-762.（EI 检索，检索号：20210909994485）

[6] LIU H X，WANG R，**ZHU T**，et al. Seismic performance of a block-type quay wall with liquefiable backfill：comparison between centrifuge test，design code，and high-fidelity numerical modeling[J]. International Conference of the International Association for Computer Methods and Advances in Geomechanics. Springer，Cham，2021：629-636.（EI 检索，检索号：20210909994112）

参加的研究项目

[1] 海南省南渡江迈湾水利枢纽工程土工试验分析. 横向科技项目，主要完成人，2016—2017.

[2] 北京城市副中心站综合交通枢纽抗震分析. 横向科技项目，主要完成人，2020 年

　　至今.

[3]　北京城际铁路联络线新航城站抗震分析.横向科技项目,主要完成人,2020 年
　　至今.

[4]　土动力学及岩土地震工程.国家自然科学基金优秀青年科学基金项目(基金号:
　　52022046),主要参与人,2021 年至今.

致　谢

衷心感谢导师张建民老师多年以来的悉心教导和关怀。张老师治学严谨，谦恭仁厚，始终保持对科学的敬畏与对行业的担当。德高为师，身正为范。春风化雨，润物无声。张老师在为人、为学上都给予了我诸多教诲，"境界、眼光、胸怀"的六字箴言始终萦绕在我耳边，鞭策我志存高远，只争朝夕。张老师办公室的彻夜灯明、地质之角的青石流水，也成为我求学生涯中最难忘的风景。

感谢王睿老师在科研和生活中给予的指导和帮助。王老师循循善诱，诲人不倦。在博士课题进展中，我与他讨论不下百次，每次都豁然开朗，受益良多。作为青年科技工作者，王老师勤勉自律，亦师亦友，是我永远学习的榜样。

感谢清华大学水利系岩土工程研究所的李焯芬老师、李广信老师、张丙印老师、于玉贞老师、张建红老师、介玉新老师、胡黎明老师、张嘎老师、温庆博老师、徐文杰老师、吴必胜老师、吕禾老师、孙逊老师等在我读博期间给予的帮助和建议。感谢土工离心模型试验室的殷昆亭老师、郑瑞华老师、王爱霞老师、董纪增实验师、王华山实验师在物理试验等研究工作中给予的帮助和建议。

感谢中国水利水电科学研究院的魏迎奇老师、侯瑜京老师、张雪东老师、张紫涛博士、胡晶博士、梁建辉工程师、宋献慧工程师、吴俊鸣实验师、王昌寿实验师在离心机模型试验研究中提供的帮助和支持。感谢中国铁路设计集团有限公司在工程设计研究中提供的项目资料和技术支持。

感谢陈韧韧博士在数值模拟研究中给予的帮助，感谢刘星博士、瞿学迁同学在模型试验研究中给予的帮助，感谢李文婷博士、王荣鑫同学、余嘉轲同学在工程设计研究中给予的帮助。感谢李云屹、刘和鑫、李世俊等离心机试验室所有兄弟姐妹的朝夕相伴，感谢尤日淳、贾垚等同学的九年同窗之谊。感谢水利系朱德军老师、宋云天博士等和辅导员在我担任辅导员期间给予的帮助和支持。

感谢我的父母、姐姐和姐夫的关爱和包容，家人是我坚强的后盾，正是因为他们的支持,才使我得以在二十余载的求学道路中矢志不渝,风雨兼程。

最后,感谢母校清华大学,最宝贵的九年青年时光能在美丽的清华园中度过,实乃幸事。母校的教育让我形成了正确的价值观、树立了远大的理想抱负、掌握了知识技能、磨炼了意志。"自强不息,厚德载物"的校训和"行胜于言"的校风,将永远作为人生格言,激励自己始终以学生的姿态格物致知,不断进步。

朱 彤

2021 年 5 月